BIBLIOTHÈQUE
RURALE

# DU TABAC

— Description historique, botanique et chimique. —
Climat. — Culture. —
Récolte. — Frais. — Produits. — Modes de dessiccation.
— Séchoirs. — Conservation. — Commerce. —

PAR V. P. G. DEMOOR.

BRUXELLES,
ÉMILE TARLIER, ÉDITEUR,
Mont.-Herbes-Potagères, 47

1858

BIBLIOTHÈQUE RURALE. — 4e SÉRIE, N° 8.

# DU TABAC.

BRUXELLES. — TYPOGRAPHIE DE VEUVE J. VAN BUGGENHOUDT,
Rue de Schaerbeek, 12.

DU

# TABAC

Description historique,
botanique et chimique. — Climat. — Culture. — Récolte.
— Frais. — Produits. —
Modes de dessication. — Séchoirs. — Conservation.
— Commerce. —

PAR V. P. G. DEMOOR,

**Secrétaire de la société d'agriculture et de botanique d'Alost, auteur de :**
*les Graminées céréales et fourragères en Belgique;*
*le Lin et le Rouissage; les Prairies,* etc.

ORNÉ DE 20 FIGURES.

BRUXELLES,

A LA LIBRAIRIE AGRICOLE D'ÉMILE TARLIER,

Éditeur de la Bibliothèque rurale,

MONTAGNE-AUX-HERBES-POTAGÈRES, 47.

1858

# DU TABAC.

## CHAPITRE PREMIER.

### Aperçu historique.

Il est un fait acquis aujourd'hui, c'est que le tabac cultivé a pour berceau les lieux élevés de l'Amérique; mais on ne peut préciser avec la même certitude l'endroit où cette plante fut découverte.

Dans la relation historique des voyages et découvertes des Espagnols, on raconte que, lorsque Christophe Colomb, Génois au service d'Espagne, débarqua sur le territoire américain, des gens de son équipage se mirent à explorer le pays, en 1492 (1), selon les uns, et en 1494, selon d'autres (2); ils trouvèrent dans l'île connue aujourd'hui sous le nom de Cuba, comprise dans les grandes Antilles, beaucoup

(1) *Fastes universels.* — (2) Ansart, *Géographie.*

d'individus des deux sexes qui avaient à la bouche un rouleau composé de feuilles dont ils aspiraient la fumée (1) : ces feuilles n'étaient autre chose que du tabac, plante qui croissait spontanément sur les hauteurs de l'île, située entre 19°48′ et 23°23′ de latitude nord, et entre 76°30′ et 87°18′ de longitude ouest.

D'autres prétendent que le tabac fut découvert dans l'île de Tabacco ou Tabago, l'une des petites Antilles, d'où il aurait tiré son nom, située par 10°20 de latitude et 62°47′ de longitude ouest.

D'autres encore sont d'avis qu'il fût trouvé primitivement dans l'Yucatan. Cet État le plus oriental au fond du Mexique est situé entre 16°30′ et 21°30′ de latitude nord et entre 91° et 94° de longitude ouest.

D'autres enfin, parmi lesquels nous citerons Mérat, Montbryon et Delens, disent que le tabac paraît naturel à la Floride où la plante était appelée *pétun*; les Espagnols, d'après eux, la découvrirent dans l'île de Tabasco, située dans le golfe du Mexique, au fond de la baie de Campêche, située à 18° 34′ de latitude ouest et 94°36′ de longitude ouest, les uns écrivent en 1518 et les autres en 1520.

Le savant Berthelot n'admet pas les étymologies du mot tabac, tirées de Tabasco ou Tabago ; pour lui l'appellation de tabac vient de ce que l'herbe est bourrée dans une feuille sèche comme dans un mousqueton, enveloppe que les indigènes ont de tout temps appelé *tabacos*. Cette étymologie est basée sur

(1) Hallaron los dos cristianos por el camino mucha gente que atravesaba a sus pueblos, mugeres y hombres con un tizon en la mano, yerbas para tomar sus sahumerios que acostumbraban.

un *extrait de l'histoire des Indes*, chap. XLVI, par l'évêque Barthélemy de Las Casas, contemporain de Colomb.

Cette plante ne fut jusque-là dans sa patrie l'objet d'aucun soin particulier; on n'y consommait que les produits naturels et sauvages.

Sa culture n'a été introduite qu'en 1586 dans la Virginie et elle s'est bientôt répandue au Brésil, à Demerara, Cuba, Saint-Domingue, au cap de Bonne-Espérance, dans l'Inde, ainsi qu'en Europe.

L'année de son introduction en Europe et la voie que le tabac a suivie ne sont pas moins obscures.

Cependant on croit généralement que le tabac n'a été connu en Europe que vers le milieu du XVI$^{e}$ siècle.

Quelques-uns en attribuent l'introduction à Hernandez de Tolède qui l'importa de l'Yucatan en Espagne et en Portugal en 1520.

Il règne la plus grande incertitude sur la question de savoir si le tabac a été introduit en Angleterre avant qu'il fût importé en France ou en Hollande; on assure que l'amiral anglais Francis Drake en exporta directement de la Virginie en Angleterre, mais aucun document historique n'appuie cette assertion.

Les annales historiques fixent l'année de son introduction en France à 1560 par Jean Nicot, seigneur de Villemain, ambassadeur du roi des Français, François II, auprès de Sébastien, qui avait reçu des graines d'un marchand flamand; celui-ci lui fit en même temps connaître l'usage qu'on faisait des feuilles.

Ce qui fut cause qu'on appela la plante nicotiane, du nom de son introducteur en France, quoiqu'elle pénétrât aussi à la même époque, si pas plus tôt, en Belgique et en Hollande. Son importation de la Virginie dans les îles Britanniques ne date que de 1595, époque à laquelle sir Walter Raleigh en introduisit la culture en Irlande, d'où elle s'étendit en Écosse et en Angleterre, où elle a cessé depuis 1782, qu'elle fut défendue par un acte du parlement.

Ne nous est-il pas permis de conclure de là que le tabac fut connu d'abord en Hollande qui en dota la France, et que les prétentions de l'Angleterre, qui ne reposent que sur des traditions, tombent devant les chiffres des années d'importations consignés dans les fastes historiques?

A côté de ces détails revêtus d'un certain caractère de précision, viennent se ranger d'autres assertions que nous ne pouvons ni rejeter ni admettre. Plus d'un siècle avant, Loman Pane, ermite espagnol, avait fait connaître le tabac.

Le médecin Murray rapporte qu'il était connu en Europe un siècle avant, mais par la voie de l'Orient; il s'appuie sur Chardin, breveté marchand du roi de Perse, qui séjourna, tant en Perse que dans l'Inde, dix années entières ; il annonce dans l'histoire de ses voyages (1711), que le tabac était naturalisé en Perse depuis 400 ans, lors de son voyage dans ce pays en 1660 (1).

Quoi qu'il en soit, ce n'est que vers la fin du XVI^e^ siècle que l'usage du tabac se répandit en Europe.

En France il rencontra une grande opposition, tandis qu'en Belgique il fut accepté sans le moindre

(1) Tome III, p. 304

obstacle, si bien que, dix ans après son importation, le tabac était déjà un objet important de commerce. Les botanographes de l'époque, Charles de l'Écluse, Rembert Dodonœus, etc., nous apprennent qu'en Flandre seul il mettait annuellement plus de cent mille florins en circulation.

Jean Nicot qui voulut se convaincre par lui-même des effets du tabac, avant qu'il en dotât sa patrie, ne se soumit pas impunément à l'épreuve ; car il en ressentit, comme tous ceux qui débutent, des inconvénients dont il parvint cependant à triompher au bout de quelques jours ; et c'est alors seulement qu'il goûta les vertus délicieuses du tabac, de sorte que cette herbe fétide, répugnante, fumée par les sauvages de certaines contrées de l'Amérique, finit par flatter le palais et l'odorat. Aussi lorsqu'il arriva à Lisbonne, fit-il cadeau de quelques feuilles au grand prieur de cette ville, qui l'accueillit comme une précieuse découverte; témoin le nom d'*herbe du grand prieur* qui lui fut imposé.

De retour en France, Nicot s'empressa d'en faire hommage à Catherine de Médicis.

Quelles pouvaient être les prévisions qui portaient Nicot à offrir cette plante à la cour de France ? était-ce à cause de ses propriétés médicales ou bien y voyait-il un objet lucratif pour l'État ? Nul sans doute n'eut l'intuition que cette plante dût être acceptée par la bizarrerie humaine et devenir un article important de commerce, de grande consommation, quoique ne possédant aucune propriété d'utilité générale, mais recélant au contraire une source de maux auxquels l'homme dans d'autres circonstances tâche

1.

de se soustraire ; nul n'aurait osé croire que le tabac dût acquérir une popularité universelle et rapporter annuellement au gouvernement français, qui a cette culture sous sa régie, le chiffre exorbitant de plus de quatre-vingt-dix millions de francs.

Cependant, il suffit que Catherine de Médicis acceptât l'hommage de Nicot et que la plante prît le nom d'herbe à la reine pour qu'elle vînt fixer l'attention des gens de la cour, qui s'efforcèrent d'en faire connaître les propriétés stimulantes éphémères sous la forme de poudre. La curiosité publique étant éveillée, son emploi se répandit non-seulement par tout l'univers civilisé, mais encore chez les nations les plus lointaines en relation avec les Européens. La nouveauté contribua aussi d'une manière féconde à en répandre l'usage, par le concours de certains apothicaires qui y virent un remède à tous les maux : mais cette panacée universelle ne tarda pas à perdre les neuf cent quatre-vingt-dix-neuf millièmes de sa créance.

Si d'une part le tabac trouva dès son importation de chauds partisans, d'autre part il rencontra aussi des adversaires effrénés.

En effet, Jacques I^er^, roi d'Angleterre, écrivit un livre contre l'usage du tabac, qu'il intitula *misocapnos*.

Le pape Urbain VIII suivit le mouvement, invoqua le ciel à son secours et s'efforça d'insinuer la panique dans le cœur de ceux qui en feraient usage en les menaçant d'excommunication dans une bulle spéciale de 1624.

Certains évêques, et entre autres don Bartholomé de la Camara, évêque de la grande Canarie, renchérirent sur la simple excommunication qui ne leur rapportait rien, et en firent une exploitation lucrative; car, outre l'excommunication, on fut condamné à une amende, ainsi qu'il appert d'un article des anciennes constitutions synodales ainsi conçu : *Défense au clergé et aux paroissiens de priser dans les églises sous peine d'excommunication majeure et de mille maravédis d'amende chaque fois.*

Cette défense s'étendit chez tous les peuples de l'Europe.

Élisabeth, impératrice et reine d'Espagne, défendit de priser dans les églises et enjoignit aux bedeaux de confisquer à leur profit les tabatières des personnes qui en usaient.

En Turquie, on ne menaçait pas l'âme des feux éternels, chose plus ou moins pardonnable au XVI<sup>e</sup> siècle; on ne confisquait pas seulement les tabatières, mesure avantageuse pour le clergé, mais on ordonna des voies de fait : Mahomet IV, qui haïssait fort le tabac, sévit contre les priseurs et les fit supplicier. Le célèbre Pitton de Tournefort s'exprime ainsi à ce sujet : « Mahomet IV, qui haïssait fort le tabac en fumée et qui était bien informé qu'on mettait souvent le feu aux maisons en fumant, ne se contenta pas de faire publier de cruelles ordonnances contre les fumeurs, il faisait quelquefois sa ronde pour les surprendre, et l'on assure qu'il en faisait pendre autant qu'il en trouvait; mais c'était après leur avoir fait percer une pipe au travers du nez et leur avoir fait attacher autour du col un rouleau de tabac » (1).

(1) Relation d'un voyage au Levant, fait par ordre du Roy. Lyon 1717, tome II, p. 307.

Amurat IV, empereur des Turcs, le czar de Russie Michel Federowitz, grand-père de Pierre le Grand et descendant d'une fille du czar Jean Baselowitz, et un roi de Perse en défendirent l'usage à leurs sujets sous peine d'être privés de la vie ou tout au moins d'avoir le nez coupé.

Les jésuites, que la science seule éclairait, combattirent avec conviction et succès la bulle lancée par le pape Urbain VIII, et convinrent que si le tabac pouvait porter atteinte à la santé et à la sûreté publique, il n'en était pas moins ridicule et contraire au bon sens de vouloir faire jouer à cette plante un rôle religieux et que l'usage du tabac étant de date récente, ne pouvait être condamné par l'Église, si ce n'est par des esprits vulgaires, fanatiques et superstitieux, pour ne rien dire de plus. Ces mêmes jésuites avaient déjà publié leur antimisocapnos qui était une réponse au misocapnos de Jacques Ier.

Enfin, il parut encore une foule d'autres écrits pour ou contre l'usage du tabac que nous croyons pouvoir nous dispenser d'examiner.

Quels que soient les obstacles qu'on ait voulu opposer à la vulgarisation de l'emploi du tabac, il n'en a pas moins continué à conquérir le monde en deux siècles de temps. Et qui eût osé croire qu'une seule plante aurait pu opérer une révolution dans notre manière de vivre, changer nos habitudes et créer un besoin nouveau? Qui pourrait croire, si l'on ne devait se rendre à l'évidence, que la consommation d'une plante dépourvue de propriétés alimentaires et sans usage dans l'industrie, coûte à l'ouvrier à peu près le huitième de son gain journalier, tandis qu'elle nuit à sa santé.

Depuis son introduction, les anciens botanographes ont décrit le tabac sous des noms différents. Ainsi, J. Bauhin de Bâle l'appelle *tabacum majus;* Valerius Cordus, *stramonia;* Oviedo Gonzalès, *Perebecena;* Horneman, *peciet Mexicanorum;* Nicolas Monardes, *buglossum antarticum* ou *tabaco;* Dodonœus, *hyosciamus peruvianus;* Lobel, *sana sanctæ Indorum;* Joachim Commerante, *tabacum latifolium;* Clusius, *petum theveti latifolium;* Cœsalpin, *tornabona;* Castel, *herba sanctæ crucis fœmina;* Reneaulme, *blennochoes.*

C'est à tort qu'on dit que vers l'an 1690, l'illustre historiographe du Levant, Tournefort, baptisa le petun (désignation sous laquelle le tabac est connu aux Indes orientales, au Brésil et dans la Floride) du nom de nicotiane en l'honneur de celui qui l'introduisit en France; car, déjà bien avant cette époque, le tabac n'était connu en France parmi le peuple que sous le nom de nicotiane. Tournefort se borna à sanctionner ce nom populaire en l'adoptant dans sa nomenclature des espèces végétales.

## CHAPITRE II.

### Propriétés et usages économiques.

Le tabac a été admis avec un enthousiasme qu'on ne peut expliquer. Son odeur très-irritante et vireuse a été convertie, par un caprice incompréhensible, en jouissance ; sa culture s'est étendue avec infiniment plus de rapidité que celle de plantes alimentaires utiles.

Quels sont donc les grands avantages, s'écrie un aimable botaniste, que le tabac a pu offrir à l'homme pour l'avoir placé dans un rang aussi élevé? Rien d'autre que d'irriter les membranes de l'odorat et du goût dans lesquelles il détermine une augmentation de vitalité, agréable à ceux dont les sensations sont rendues inertes par la vie inactive, par l'oisiveté ou par le besoin de distraction.

Le tabac n'a été longtemps qu'une plante sauvage

qui croissait ignorée dans quelques cantons de l'Amérique. Cependant, à l'époque où les Européens la découvrirent, les Indiens en faisaient déjà un grand usage pour une foule de maladies qu'ils prétendaient guérir avec cette plante. Les prêtres, les devins en recevaient la fumée dans la bouche, dans les narines, à l'aide d'un long tube, lorsqu'ils voulaient prédire les résultats d'une guérison ou le succès de quelque affaire importante; d'autres en faisaient les mêmes usages pour réveiller les esprits et se procurer une sorte d'ivresse qui les sortait d'assoupissement.

Chacun connaît aujourd'hui les usages du tabac. Mais avant de nous arrêter un instant sur les divers modes sous lesquels on l'emploie, examinons les propriétés de cette plante.

Les feuilles fraîches du tabac ont une odeur vireuse et désagréable ; mais lorsqu'elles ont subi un commencement de fermentation, leur odeur est forte et piquante et très-agréable pour les personnes qui y sont habituées ; leur saveur est âcre et brûlante.

Les feuilles fraîches sont moins actives que les feuilles sèches, et elles sont d'autant plus faibles, qu'elles s'éloignent plus de l'époque de la maturité. Aussi n'est-il personne qui ne sache que les plantes de tabac sont attaquées par des parasites en bien plus grand nombre pendant leur première période de végétation que plus tard ; d'ailleurs, ce n'est que par la dessiccation et la fermentation que le tabac acquiert toute sa virulence. Pendant sa végétation, il devient la pâture des limaces, mais, sèches et réduites en poudre, ses feuilles constituent un moyen précieux de destruction des limaces et de beaucoup d'autres animaux nuisibles; ses effets destructeurs sont prompts et certains pour tous.

Le tabac serait-il moins nuisible, constituerait-il un poison moins redoutable pour l'homme? L'expérience des siècles atteste les propriétés délétères dont le tabac est doué et qu'il déploie tant sur l'homme que sur les animaux. Tout le monde se rappelle la mort du poëte Santeuil, qui périt pour avoir bu un verre de vin où on avait mis du tabac d'Espagne. Ses émanations seules peuvent produire des phénomènes morbides. En effet, les ouvriers qui confectionnent le tabac sont fort incommodés. Ramazzini et Cadet-Gassicourt disent qu'ils en éprouvent des douleurs de tête violentes, des vertiges, des tremblements, des vomissements, des nausées, qu'ils sont sans appétit, etc. Suivant le premier, les chevaux occupés à tourner les meules dans les manufactures de tabac, témoignent de l'âcreté nuisible de sa poussière, en soufflant vivement par les naseaux (1).

Introduit dans l'estomac, le tabac devient un poison des plus actifs qui tue en quelques heures; il purge avec violence par haut et par bas avec de vives tranchées; les déjections sont séreuses quelquefois sanguinolentes; la tête devient pesante, vertigineuse; il survient des tremblements, des spasmes, accompagnés de somnolence et d'une sorte de stupeur semblable à l'ivresse. Son action est beaucoup moins forte lorsqu'on le fume, le mâche ou le prise (2).

Quand on le mâche ou qu'on en introduit la fumée

(1) Merat et de Lens.

(2) M. Melsens, professeur de chimie, a le premier constaté et signalé dans la fumée de tabac l'existence de la nicotine.

dans la bouche pendant quelque temps, le tabac augmente d'une manière très-marquée la sécrétion de la salive; quand on l'introduit dans les fosses nasales sous la forme de poudre ou de fumée, la membrane pituitaire devient le siége d'une sécrétion plus abondante; et pris sous l'une des trois formes précitées, il amène, chez les personnes qui n'en font pas habituellement usage, des effets narcotiques qui se traduisent par des étourdissements, la céphalalgie, la somnolence, les nausées, les faiblesses dans les jambes et une transpiration abondante qui inonde les tempes.

L'abus du tabac amène l'amaigrissement, affaiblit la mémoire, occasionne des paralysies et la cécité. Les effets sont plus prompts et plus marqués chez les gens maigres, nerveux, irritables, que chez les gens lourds, lymphatiques, engourdis, gras; chez les jeunes gens que chez les vieillards.

Quel est le fumeur qui, pendant son noviciat, a pu se soustraire au premier tableau que nous venons de tracer des effets du tabac? En est-il un qui se soit trouvé en état d'y résister? Tous, à l'envi, sont là pour répondre que non, car ce n'est qu'après s'être empoisonné cinq ou six fois que la tolérance a commencé à s'établir et que le fumeur a pu commencer à goûter le bien-être factice, le plaisir que procure l'usage de la pipe, du cigare ou de la chique.

Maintenant un mot sur les trois modes principaux d'employer le tabac et leurs effets spéciaux.

*Priser.* — Il paraît que l'usage d'introduire le tabac en poudre dans le nez est tout européen. Ce n'est qu'à dater du règne de Louis XIII que cette habitude s'est propagée avec une grande facilité. Sous Louis XIV, il était même de bon ton, dit-on, d'en abuser au point d'en être barbouillé.

Le tabac en poudre se prend, disent les priseurs, pour se délivrer de certains maux, comme les douleurs de dents, les migraines, les rhumes de cerveau, la somnolence, etc., ou pour ouvrir l'esprit ; mais ces maux et ce pouvoir intellectuel n'existent le plus souvent que dans l'imagination des consommateurs : ils prennent la prise par oisiveté, par ennui ou comme sujet de distraction. S'il fait quelquefois jaillir des pensées neuves et heureuses, il n'est pas moins vrai que son usage habituel produit l'altération des tissus qui recouvrent les fosses nasales, qui se dessèchent, se durcissent ; l'odorat se perd, la tête s'embarrasse, les idées sont moins lucides, et si l'on porte l'usage jusqu'à l'excès, on perd la mémoire, on devient stupide ; enfin, on éprouve tous les signes qui annoncent l'affaiblissement progressif du système nerveux (1).

A ces changements moraux, on ajoutera encore quelques désagréments physiques. L'haleine du priseur est infecte ; s'il atteint à la vieillesse, il est malpropre, ses hardes sont souvent salies par les mucosités brunâtres qui s'écoulent de ses narines ; et le nez et la lèvre enfin, en grossissant, enlaidissent ses traits.

Mais tous ces inconvénients ne sont rien en présence du plaisir que procure la prise : les sensations qu'elle éveille réduisent à rien ce tableau dégoûtant, et le priseur renoncerait plutôt à son déjeuner qu'à

(1) Roques.

sa tabatière. D'ailleurs, l'habitude qu'on en a acquise semble s'être identifiée avec l'organisme : on a vu plus d'un accident survenir après la cessation brusque de l'usage du tabac, qui est dans bien des cas extrêmement difficile.

*Chiquer*. — Tantôt on mâche du tabac qui a subi un commencement de fermentation, d'autres fois on préfère celui qui a subi diverses manipulations.

Cet emploi est le moins dégoûtant de tous, parce qu'il ne développe aucune odeur infecte chez celui qui en use; mais il a un inconvénient grave, c'est que le chiqueur est continuellement aux prises avec un poison qui peut lui donner la mort, si, par distraction, il ne rejette pas le suc qu'il exprime de son tabac ou qu'il avale son masticatoire. Et pourquoi en fait-on usage sous cette forme? C'est, dit-on, pour dissiper un mal de dents, pour préserver sa denture contre toutes les espèces d'altérations qui l'attaquent. Dans le priser, nous avons vu que ce n'était que pour irriter les membranes nasales; ici nous disons qu'on y a recours pour produire une irritation stimulante qui constitue une jouissance renouvelée à chaque instant, que l'on ne peut comparer qu'à l'usage immodéré des liqueurs fortes chez d'autres individus.

*Fumer*. — L'usage de fumer remonte à une époque très-reculée; mais rien ne nous permet de préciser l'ère qui le vit éclore.

On sait que les prêtres et les devins faisaient usage de la fumée du tabac.

Les sauvages qui nous ont enseigné l'emploi de cette plante, la fument au moyen d'un vase ou pipe appelé *petun*, nom qui est resté au tabac lui-même, et même on peut dire que c'est encore l'usage le plus général qu'on en fasse, surtout parmi les Orientaux et les nations peu civilisées. Les amateurs de ce genre d'emploi du tabac disent qu'il les récrée, leur donne un sentiment de bien-être, leur allége le cerveau. Le mode de fumer le tabac n'est pas identique ; le plus souvent, il est mis en feuilles coupées dans des pipes, soit seul, soit avec des aromates, et la fumée en est rejetée par la bouche (1). Les Caraïbes des Antilles ont une autre habitude très-singulière, et qui nuit beaucoup à la force de l'odorat et de la vue ; ils enveloppent des brins de tabac dans certaines écorces d'arbres très-unies, flexibles et minces comme du papier ; ils en forment un rouleau, l'allument et en attirent la fumée dans leur bouche, serrent les lèvres, et, d'un mouvement de langue contre le palais, ils font passer la fumée par les narines.

Dans les deux presqu'îles de l'Inde et dans les îles de l'Océan oriental, presque tous les habitants fument des chiroutes, ou petits rouleaux de feuilles de tabac, appelés cigares en Amérique.

Les mahométans du Mogol et de l'Inde ont des pipes conformées de manière qu'ils en reçoivent la fumée à travers de l'eau, au moyen d'un tuyau à double courant ou gargoulis, ce qui l'adoucit et rend la fumée beaucoup plus agréable ; ils y mêlent quelquefois de l'opium (2).

Lorsque le palais d'un fumeur, dit Joubert, est aguerri aux émanations vaporeuses de la nicotiane, il

(1) Merat.

(2) Poiret.

éprouve trois sensations bien distinctes : la première sensation est tout idéale, elle charme les loisirs et occupe l'oisiveté. Nous résumerons la seconde dans l'excitation du sens du goût, et la troisième qui, suivant nous, est la plus vraie, dans l'excitation cérébrale occasionné, par la fumée bienfaisante de cet admirable végétal. Cette troisième sensation produit un *far niente* qu'il est impossible d'exprimer.

Elle donne les pensées les plus riantes et les plus magiques; en effet, combien d'idées ne puise-t-on pas dans son cerveau lorsque l'organisation est saturée de fumée de tabac! Combien ces idées sont-elles vives! C'est alors que la tête semble se dilater par la répercussion organique qui vient s'épanouir sur le cerveau. Chacune de ces répercussions sont autant d'étincelles qui produisent une espèce de convulsion intellectuelle qui donne souvent des rayons d'imagination à ceux mêmes qui en sont dépourvus.

Ces paroles ont été inspirées sous l'influence d'un cigare de la Havane, et celui qui est habitué à savourer les délices du tabac ne peut y trouver rien à redire ; car c'est une sauvegarde et une défense solide en faveur de son habitude. Quoi qu'il en soit, lorsqu'on fait un usage modéré du tabac, les maux qui se manifestent pendant son emploi ne peuvent que rarement lui être imputés ; dans les circonstances ordinaires, la fumée de tabac, en émoussant la sensibilité des membranes muqueuses, rend moins vifs certains besoins, comme la faim, par exemple; et effectivement les grands fumeurs sont petits mangeurs.

Lorsqu'on en abuse, alors on voit se produire le cortége des phénomènes anormaux que nous avons déjà retracés, auxquels viennent se joindre, en outre, une odeur infecte, l'altération de l'émail des dents qui se noircit; les gencives se corrodent, prennent une teinte livide ou sanguinolente. Les grands fumeurs éprouvent assez souvent des vertiges, des tremblements, des maux de nerfs, des nausées, des faiblesses d'estomac. Ils sont, en général, pâles, maigres, mangent peu et boivent beaucoup.

Si l'on résume ce qui est relatif aux propriétés du tabac pris sous l'une des formes précitées, on trouve que c'est un excitant narcotique auquel l'homme s'habitue assez vite, jusqu'à un certain degré; il parvient, si l'expression m'est permise, à en digérer une certaine dose; dès lors, les propriétés délétères qui caractérisent cette plante semblent s'effacer. Il le savoure avec délectation et éprouve un bien-être qui l'élève à ses propres yeux dans un nouveau monde de jouissances. En porte-t-il, l'usage au delà de ce terme? il se prépare une série de maux qui vont miner son existence. S'il faut marquer des limites à toute espèce de consommation alimentaire, il faut aussi en savoir tracer de bonne heure à l'usage du tabac, car il ruine promptement la constitution et abrutira bientôt celui qui s'y laissera aller; des infirmités physiques l'attendent, et l'affaiblissement et même l'extinction des facultés intellectuelles est prête à le séquestrer de la société. Dès lors son existence n'est plus comparable qu'à celle des plantes qui vivent d'une vie sans sentiment, sans sensation quelconque.

# CHAPITRE III.

## Aperçu botanique et chimique

### § 1er. — *Étude botanique.*

Le genre nicotiane qui appartient à la pentandrie monogynie dans le système sexuel, a été rangé par L. de Jussieu, dans la famille des Solanées, composée presque exclusivement de végétaux que Linné désignait sous le nom de *tristes*, *blêmes* ou *luridées*, et qui forment le vingt-huitième ordre dans sa méthode naturelle.

Cette famille qui, à côté d'espèces éminemment vénéneuses et délétères renferme des plantes alimentaires de premier ordre, a été scindée par Dunal en quatre sous-familles ou tribus, qui ont été adoptées par la plupart des botanistes, à savoir :

1° *Les atropées ou solanées vraies* qui ont le fruit charnu ou subcoriace indéhiscent et l'embryon plus ou moins arqué.

2° *Les daturées ou nicotianées* d'autres auteurs ; fruit capsulaire s'ouvrant par des fentes longitudinales ou transversales; embryon plus ou moins arqué.

3° *Les cestrinées*, érigées en famille distincte par quelques taxonomistes : fruit bacciforme ou capsulaire, à deux loges; embryon droit.

Et 4° *Les nolanées* ; plusieurs ovaires à style gynobasique ; fruit drupacé 1-6 loculaire ; graines solitaires dressées ; embryon amphytrope autour d'un périsperme charnu.

C'est dans la tribu des daturées qu'on range le genre *nicotiane* qui présente les caractères suivants :

Calice campanulé ou urcéolé, quinquéfide à lobes inégaux persistants.

Corolle infundibiliforme (fig. 1) ou tubuleuse hypocratériforme à cinq lobes présentant chacun un pli longitudinal.

Étamines 5 (fig. 2), environ de la longueur de la corolle, à filets subulés, ascendants ou un peu réfléchis, arqués ; anthères oblongues.

Ovaire ovale. Un style filiforme de la longueur de la corolle. Stigmate capité, émarginé (fig. 3).

Capsule subovale, étroitement embrassée par le calice (fig. 4), membraneuse, mince, biloculaire, à déhiscence septifrage ou septicide, s'ouvrant en deux valves longitudinales qui se fendent ensuite à leur sommet selon leur nervure moyenne (fig. 5) ; placentas axiles rapprochés presque en un placenta central qui occupe presque toute la cavité des loges (fig .6).

Graines très-petites, nombreuses, uniformes, rugueuses, subchagrinées.

Ce genre renferme un grand nombre d'espèces

herbacées ou sous-ligneuses, annuelles, bisannuelles ou vivaces qui sont fort répandues en Afrique, en Asie et en Amérique. Les feuilles sont simples,

Fig. 1.

souvent entières, quelquefois crénelées, rarement sinuées; les fleurs sont disposées en grappes ou en panicules; la plante est généralement velue ou visqueuse, rarement glabre. Une seule espèce se distingue par ses poils très-fins qui piquent et brûlent la peau lorsqu'on les touche.

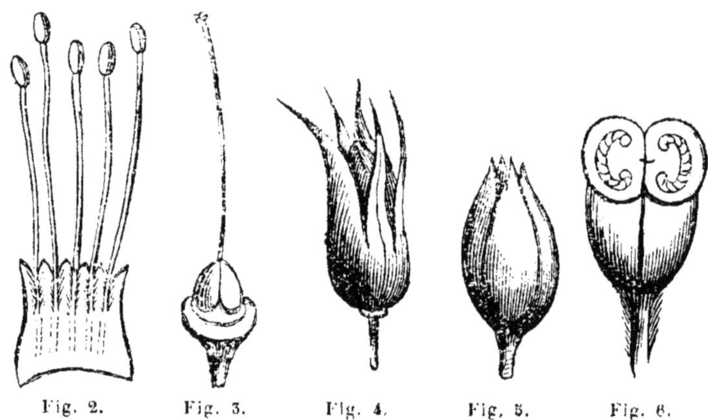

Fig. 2. Fig. 3. Fig. 4. Fig. 5. Fig. 6.

Quant à leurs propriétés, à leurs qualités et à leurs usages, elles ne diffèrent que par le plus ou moins de richesse en principes actifs, de manière que, dit Mérat, ce qui est vrai pour l'une peut également s'appliquer à l'autre ; cependant, toutes les espèces ne sont pas indifféremment cultivées, parce que leur constitution organique varie beaucoup entre elles.

Ainsi le cultivateur doit consulter la rusticité, la force de chaque espèce et même de chaque variété, quoique le climat et la culture y contribuent pour une large part.

Nous allons jeter un coup d'œil descriptif sur les principales espèces que renferme le genre nicotiane.

### A. — Espèces a tige arborescente ou frutescente.

1. *Nicotiane brûlante.* (*Nicotiana urens*). *Tige arborescente ;* rameaux élancés ; *feuilles cordées,*

de plus de trois centimètres de longueur, *ovales*, *pétiolées*, crenées; *toutes les parties herbacées et ligneuses couvertes de soies blanches, luisantes, pruriginenses;* inflorescence en *grappes recourbées:* fleurs blanches, courtement pédicellées, alternes, unilatérales. Calice profondément quinquéfide, à lobes inégaux, lancéolés, hérissés. Corolle subcampanulé, subirrégulière, environ deux fois plus longue que le calice; divisions du limbe inégales, roulées en dehors. Capsule oblongue, subcylindrique, embrassée par le calice; valves recourbées au sommet en forme de corne.

Vivace, ligneuse. Originaire de l'Amérique méridionale (Pérou situé entre 3° 20' et 21° 30' de latitude nord et entre 64° 40' et 83° 43' 55'' longitude ouest[1].

2. *Nicotiana glauque*. (*Nicotiana glauca*, Grah.) *Grande plante vivace, ligneuse en arbuste de* 2 à 3 mètres, *glauque*, dressée; *rameaux glabres, glauques, ainsi que les feuilles*, pétiolées, longues de 13 à 20 centimètres et larges de 9 à 12; pétioles longs de 7 à 9 centimètres, inégalement cordées, ovales, glabres, acuminées, nerviées, entières ou sinuées. Fleurs en *panicule terminale longue*, lâche. Calice tubuleux à 5 dents, inégales, dressées, subciliées. Corolle hypocratériforme d'un vert jaunâtre, puis jaune, à tube presque courbé, un peu renflé sous la gorge, pubescente, trois fois aussi longue que le calice, à limbe minime. Capsule oblongue.

Indigène à Buenos-Ayres, situé entre 11° 34' 46'' et 39° de latitude sud, et entre 55° et 74° de longitude ouest.

3. *Nicotiane de la Chine* (*Nicotiana Chinensis*,

Fischer). *Plante pubescente, glutineuse. Tige suffrutescente* de 8 à 9 décimètres ; arrondie, poilue à la base, rameaux dressés ouverts. *Feuilles pétiolées ovales-oblongues*, entières ; les supérieures lancéolées, toutes aiguës ; pétioles de 3 4 centimètres de longueur ; fleurs pédicellées, entremêlées de bractées lancéolées - linéaires , disposées en grappes courtes multiflores formant par leur ensemble une panicule subcorymbée. Calice oblong-visqueux à divisions un peu inégales, lancéolées-aigues. *Corolle* infundibuliforme, à gorge *enflée ventrue*, à *divisions* du limbe *ovales-aiguës*, pubescente en dehors, deux à trois fois plus longue que le calice ; limbe couleur de rose, très-ouvert. Capsule oblongue ou un peu conique.

Originaire de la Chine, comprise entre le 20° et le 41° de latitude nord et le 14° et le 95° de longitude ouest.

4. *Nicotiane frutescente* (*Nicotiana fruticosa.*) *Plante pubescente*, *visqueuse*, d'un vert pâle, de 8 à 12 décimètres. Tige arrondie *suffrutescente*, presque simple ; rameaux supérieurs axillaires, dressés, plus courts que les feuilles. *Feuilles* se rétrécissant à la base, *pétiolées* ou *subpétiolées*, *lancéolées*, *obliquement acuminées;* les inférieures amplexicaules. Fleurs en panicule corymbée, terminale. Calice ovoïde, visqueux, finement pubescent, à divisions subinégales, lancéolées, aiguës. *Corolle* infundibuliforme à tube plus long que le calice, verdâtre, pubescent ; gorge enflée-ventrue. Limbe couleur de rose, 5-fide ou 5-partit, à divisions acuminées. Capsule conique, obtuse, dépassant le calice.

La nicotiane frutescente a pour patrie le cap de Bonne-Espérance, situé en Afrique, entre 29° 50′ et 34° 50′ de latitude sud et entre 15° 15′ et 26° 5′ de longitude.

B. — Espèces a tige herbacée ; plante annuelle.

5. *Nicotiane tabac* (*Nicotiana tabacum*, L.) Tige de 8 à 19 décimètres, un peu visqueuse ; rameaux dressés, ouverts ; *feuilles oblongues, lancéolées, ou ovales, amplexicaules, auriculées à la base, ou décurrentes*, pubescentes, poilues sur la nervure médiane. Fleurs en panicule corymbée. Calice ovoïde, 5- fide, enflé, à divisions acuminées. *Corolle* infundibuliforme, trois fois aussi longue que le calice, à tube verdâtre, limbe rosé, à divisions triangulaires acuminées ou très-larges mucronées. Capsule ovale. Graines très-nombreuses. Linné assure en avoir compté 40,520 dans une seule capsule. Rai à fait le calcul qu'a la septième génération un pied couvrirait de sa progéniture toute la surface terrestre du globe.

Cette espèce a donné lieu à un grand nombre de variétés formées sous l'influence du climat et du sol. On peut les diviser en deux races : A) la nicotiane-tabac à très-larges feuilles. (*Nicotiana tabacum macrophylla*), et B) le tabac ordinaire. (*Nic. tab. vulgaris*).

*A* — TABAC A TRÈS-LARGES FEUILLES.

Cette race (fig. 7) est remarquable par le développement considérable de toutes ses parties ; la plante est pubescente glutineuse; les feuilles sont très-grandes, ovales, amplexicaules et auriculées à la base, la corolle

Fig. 7.

est à lobes très-larges, mucronés ou très-courtement acuminés, jamais subcordés acuminés.

Cette race comprend entre autres variétés le tabac d'Amersfort, en Hollande.

### *B.* — TABAC ORDINAIRE.

Cette race se distingue par sa moindre viscosité; les feuilles sont ovales atténuées, décurrentes ou semi-amplexicaules ou oblongues-lancéolées; et les lobes du limbe de la corolle sont acuminés.

Ce groupe renferme un grand nombre de variétés; nous nous bornerons à en faire connaître les principales :

*a*) *Nicotiane tabac pâle.* Feuilles ovales, légèrement mucronées, atténuées à la base, sessiles, subdécurrentes; corolle blanchâtre, de couleur rose en ses bords, à divisions aiguës.

Le tabac dit de la *Havane* en est une sous-variété, de même que ceux que l'on cultive sous le nom de *Cuba* et de *Porto-Rico.*

*b*) *Nicotiane tabac à longues feuilles étroites.* Feuilles étroites, lancéolées, subdécurrentes, aiguës, atténuées à la base; fleurs rougeâtres (fig. 8).

A cette variété, qui ne diffère guère dans son mode de végétation de l'espèce décrite plus loin sous le nom de *tabac à feuilles étroites de Ruiz et Pavo*, appartiennent les *tabacs dits de Virginie et de Maryland*, comme sous-variétés.

*c*) *Nicotiane tabac tardif.* Feuilles ovales, courtement acuminées, subpétiolées, subdécurrentes. Cette variété est de toutes, celle qui fleurit le plus tard.

d) *Nicotiane tabac délicat.* Feuilles ovales lancéo-

Fig. 8.

lées, aiguës très-atténuées à la base en pétiole court, ailé, subdécurrent ; fleurs rougeâtres.

Cette espèce croît spontanément sur les plateaux élevés de l'Amérique méridionale.

6. *Nicotiane à feuilles étroites* (*Nicotiana angustifolia*, Ruiz et Pavo.) *Tige arrondie*, de 8 à 11 décimètres. pubescente, visqueuse, rameuse ; rameaux disposés supérieurement en panicule, longs, dressés, ouverts, grêles. *Feuilles* très-entières. pubescentes sur les deux faces, glutineuses, visqueuses ; les *inférieures* et les *moyennes pétiolées, lancéolées*, très-aiguës ; les supérieures subsessiles linéaires-lancéolées. Fleurs en panicule; calice à divisions lancéolées-linéaires aiguës. *Corolle* infundibuliforme *à tube élargi supérieurement*, trois fois aussi long que le calice, pubescent visqueux. verdâtre extérieurement à *limbe*, 5 fide *très étalé, à divisions ovales-aiguës*, acuminées, blanc de lait intérieurement plissé. Capsule conique.

Originaire des environs de la Conception, au Chili. Cavanilles l'indique près de Talcaguana par 36°42' 28" de latitude sud et 75°,30'41" de longitude ouest.

7. *Nicotiane à feuilles de lance.* (*Nicotiana lancifolia*, Wildw.) Tige finement pubescente ; *feuilles sessiles linéaires-lancéolées, attenuées à la base, glabres*, très-longues, acuminées. Fleurs en panicule terminale. Calice oblong, à divisions inégales, linéaires, droites ouvertes. *Corolle* glabre à tube deux fois aussi long que le calice, *à gorge enflée-ventrue*, quinquéfide, *à divisions très-étalées, courtes, aiguës*. Capsule conique, obtuse, embrassée par le calice.

Originaire de l'Amérique méridionale, où l'ont trouvée Humbold et Bonpland.

8) *Nicotiane de Buenos-Ayres.* (*Nicotiana Bonariensis*, Lehm.) Tige arrondie, pubescente, poilue; rameaux axillaires droits-ouverts. *Feuilles lancéolées*, *les supérieures pétiolées*, *sagittées-amplexicaules*, *les supérieures sessiles-amplexicaules*, pubescentes sur les deux faces; les inférieures de 7 à 8 centimètres de long; *pétioles ailés*, fleurs éparses en grappes terminant la tige et les rameaux. Calice 5-fide, à divisions étroites, lancéolées, aiguës. *Corolle* infundibuliforme, blanche, pubescente, deux fois aussi longue que le calice, à *tube* presque cylindrique et à *divisions du limbe ovales*, *obtuses*.

Indigène à Buenos-Ayres.

9° *Nicotiane visqueuse* (*nicotiana viscosa*, Lehm). *Tige* anguleuse, *visqueuse*, très-velue surtout vers le haut; rameaux axillaires courts; *feuilles sessiles subcunéiformes obtuses*, *dilatées à la base*, *semi-amplexicaules;* les inférieures et les moyennes longues de sept à dix centimètres, et les supérieures larges de deux à trois centimètres et ondulées. Fleurs en grappes subcorymbées, terminales, calice à divisions inégales, courtes-obtuses. *Corolle* infundibuliforme *à tube* densément poilue, *subcylindrique* un peu élargie supérieurement, *deux fois aussi longue que le calice; limbe à divisions courtes*, *ovales-obtuses*.

Indigène à Buenos-Ayres.

10° *Nicotiane naine* (*nicotiana pusilla*, L.). *Tige* arrondie, *dichotome-rameuse*, pubescente. *Feuilles sessiles* rugoso-pubescentes supérieurement et velues inférieurement, nerveuses à la maturité, très-entières;

*les radicales* presque disposées en rosette, *oblongues-ovales*, obtuses, atténuées vers la base : les plus inférieures presque festonnées (larges de 7 à 8 centimètres et les moyennes de 2 à 5 centimètres) ; les supérieures linéaires. Fleurs en grappes terminales. *Calice* 5-denté, à dents inégales. *Corolle* infundibuliforme, petite, à *tube subcylindrique* élargi supérieurement trois fois aussi *long que le calice ; limbe* 5-fide, étalée, *à divisions ovales aiguës*. Capsule ovoïde, obtuse, glabre plus longue que le calice.

Cette espèce présente une variété dont la tige est très-basse, velue, feuilles plus étroites, dilatées à la base, les fleurs petites ; les divisions de la corolle oblongues, presqu'obtuses.

Indigène à Vera Cruz, dont la latitude Nord est 19° 11' et 52", et la longitude Ouest de 19° 29' 0".

11° *Nicotiane ondulée* (*nicotiana undulata*, Ruis. et Pav.). Plante pubescente, visqueuse. *Tige anguleuse*, droite, visqueuse, de 8 à 9 décimètres ; rameaux droits, étalés. *Feuilles pétiolées*, *lancéolées*, *ondulées*, très-entières, poilues sur les deux faces. Fleurs en grappes droites terminales, courtement pédicellées, alternes. *Calice subbilabiée*, tubuleux, campanulé, denté. *Corolle* infundibuliforme jaune, *à tube aussi long que le calice*, ventru, subenflé ; à gorge resserrée ; à *limbe* 5-partit, étalé, à *divisions ovales presqu'aiguës*. Capsule ovoïde incluse dans le calice.

Indigène dans les endroits froids du Tarma. Ce département de l'Ouest du Pérou, est situé entre 8° 40' et 12° 10' de latitude sud et entre 70° 52' et 80° de longitude ouest.

12° *Nicotiane glutineuse* (*nicotiana glutinosa*, L.).

Plante entièrement glutineuse. Tige arrondie du bas; supérieurement anguleuse, velue, ramifiée. *Feuilles pétiolées*, ovales; les inférieures *cordées très-entières*, acuminées, pliées au sommet. *Fleurs en grappes* multiflores, *unilatérales*. *Calice subbilabié*, profondément quinquéfide; *division supérieure très-grande*, *recourbée*. *Corolle presque en mufle*, deux fois aussi longue que le calice, d'un rouge orangé; tube poilu, courbé, campanulée ample, *divisions du limbe ovales*, *aiguës*, pliées, canaliculées, droites étalées. Capsule ovoïde, obtuse embrassée par le calice.

Indigène dans l'Amérique méridionale, au Pérou.

13° *Nicotiane rustique* (*nicotiana rustica*, L.). Plante velue, glutineuse, de 4 à 15 décimètres. *Tige arrondie*, pubescente, velue ou hispide à poils réfléchis; glutineuse vers le haut, plus ou moins rameuse du bas. *Feuilles pétiolées*, *ovales très-entières*, obtuses, presque nues vers les deux faces, glutineuses, opaques, luisantes (les inférieures de 20 à 30 centimètres), les supérieures parfois subcordées. Fleurs en grappes terminales, subpaniculées. Calice cyathiforme à divisions semi-ovales arrondies, courtes, subinégales dont les unes semblent plus grandes que les autres. *Corolle hypocratériforme*, verdâtre avec un reflet un peu jaunâtre, ouverte; *tube cylindrique*, pubescent-velu, enflé, *deux fois aussi long que le calice*; *limbe* orbiculé glabre ou velu glanduleux, plié, à *divisions arrondies*, *courtes obtuses* nues ou mucronées. Capsule subglobuleuse, obtuse, dépassant un peu le calice.

Indigène en Asie, en Afrique et en Amérique. Nous ne croyons pas qu'il soit indigène dans l'Europe méridionale.

Cette espèce présente plusieurs variétés, parmi lesquelles nous mentionnerons les suivantes :

a) *Nicotiane rustique d'Asie*. Feuilles ovales plus longues que larges ; les inférieures atteignant presque le diamètre longitudinal, fleurs obtuses mucronées.

b) *Nicotiane rustique du Brésil*. Feuilles cordées-ovales, obtuses, presque aussi larges que longues. Fleurs obtuses.

c) *Nicotiane rustique naine*. Feuilles ovales, très-entières, celles de la base inégales ; les supérieures égales. Fleurs obtuses.

d) *Nicotiane rustique à basse tige*. Feuilles pétiolées, parfaitement ovales, très-entières. Corolle à divisions obtuses.

14° *Nicotiane paniculée* (*nicotiana paniculata*, L). *Tige* presque *simple*, finement pubescente tomenteuse, supérieusement anguleuse, glutineuse, de 6 à 12 décimètres de hauteur. *Feuilles toutes pétiolées, ovales, subcordées, très-entières*, d'un vert pâle, légèrement pubescente sur les deux faces ; face inférieure des plus jeunes, blanchâtre, veinée, subtomenteuse, un peu sillonnée supérieurement. Fleurs en panicule terminale visqueuse. Calice ovoïde, quinquédenté ; dents presque égales linéaires. *Corolle tubuleuse, quatre à six fois plus longue que le calice ; tube en massue, très-glabre*, jaunâtre ; gorge resserrée ; limbe très-court, plié, vert ; se roulant en dehors, 5-fide, à divisions obtuses, canaliculées supérieurement. Capsule ovoïde, obtusiuscule, glabre.

Indigène au Pérou.

15° *Nicotiane cerinthoïde* (*nicotiana cerinthoides*, Lehm.). Plante inférieurement pubescente, supérieument visqueuse de 3 à 6 décimètres. *Tige rameuse dès la base*, droite, subtomenteuse jusqu'à la panicule, et visqueuse plus haut. *Feuilles pétiolées, toutes cordées, très-entières*; les inférieures obtuses, les supérieures aiguës, pubescentes-glutineuses sur les deux faces. Fleurs en panicule terminale droite visqueuse. Calice 5-denté, pubescent; dents subinégales, lancéolées-linéaires, aiguës. *Corolle tubuleuse quatre à cinq fois aussi longue que le calice; tube en massue*, pubescent, d'un vert jaunâtre; gorge légèrement resserrée; *limbe à divisions subcordées, courtes, aiguës*, conique; capsule obtuse dépassant un peu le calice.

Même patrie que la précédente espèce.

16° *Nicotiane festonnée* (*nicotiana repanda* Wildw.). Tige arrondie, glabre. *Feuilles spatulo-arrondies, cordées et festonnées, amplexicaules*, presque glabres sur les deux faces; les plus jeunes pubescentes. Fleurs alternes espacées. Calice strié, semi-quinquéfide, à divisions égales, linéaires, écartées. *Corolle* hypocratériforme *quatre à cinq fois plus longue que le calice; tube* grêle pubescent, en massue vers la gorge; *limbe à divisions ovales-obtusiuscules*. Capsule ovoïde, obtuse, plus courte que le calice à valves fendues au sommet.

Indigène à Cuba.

17° *Nicotiane à feuilles de dentelaire* (*nicotiana plumbaginifolia*, Viv.). Tige arrondie de 3 à 6 décimètres, scabriuscule, subhérissée; rameaux grêles, droits, ouverts. *Feuilles inférieures sessiles, obovées-spatulées, presque obtuses*, glabriuscules; les *supérieures semi-amplexicaules ondulées*, subhérissées, aiguës ou presque obtuses. Fleurs en grappe ; pédicelles inférieurs la plupart oppositifoliés de dix centimètres de long. Calice tubuleux, 5-fide, à 10 stries, à divisions inégales linéaires-lancéolées. *Corolle* hypocratériforme; *tube très-long*, *grêle presque en massue*, pubescent, trois fois aussi long que le calice; *limbe* 5-fide, plissé, très-ouvert, verdâtre, en dedans blanc ou bleu-blanc à divisions ovales-aiguës. Capsule glabre.

On voit cette espèce indigène au Pérou.

18° *Nicotiane odorante* (*nicotiana suaveolens*, Lehm). *Tige* arrondie, *presque simple*, grêle de 4 à 6 centimètres, velue à la base, sillonnée, glabriuscule vers le haut. *Feuilles subpétiolées ovales*, *lancéolées*, *ondulées*, nervures principales couvertes de poils mous; les radicales disposées en rosette, subspatulées, obtusiuscules ; les caulinaires à pétioles décurrents, aiguës : les supérieures subsessiles. Fleurs penchées, espacées en grappe terminale, répandant une odeur de jasmin pendant la nuit. Calice profondément quinquéfide, tubuleux, pubescent ou presque glabre, à divisions linéaires-lancéolées, étroites, aiguës. *Corolle* hypocratériforme; *tube trois fois aussi long que le calice*, verdâtre *presque inégale*, *à limbe* couleur de lait ou vert, subbilabiée, *à divisions arrondies obtuses*, les deux divisions supérieures un peu plus petites, à nervure médiane verte à la face inférieure. Capsule glabre.

Dans la partie médionale de la Nouvelle-Hollande, située entre le parallèle austral de 10° 42′ (cap York) et celui de 39° 1′ (promontoire Wilson), et près du port Jackson par 33° 50′ de latitude sud et 148° 35′ de longitude.

19° *Nicotiane de Perse* (*nicotiana Persica*, Lind.). *Tige* de 6 à 11 décimètres, pubescente, *visqueuse. Feuilles radicales, oblongues, spatulées*, aiguës; les *caulinaires sessiles semi-amplexicaules* à limbe décurrent sur le pétiole, ondulé. Fleurs en grappes, blanc de lait, grandes; *limbe à divisions ovales, aiguës, répandant le soir une odeur agréable.*

Cette espèce indigène en Perse, entre 25° et 40° de latitude nord et entre 42° et 62° de longitude est, produit le célèbre tabac de Chiraz.

20° *Nicotiane à quatre valves* (*nicotiana quadrivalvis*, Purst). *Toute la plante répand une odeur de bouc très-prononcée* et est poilue, glutineuse. *Tige* arrondie, *rameuse*, de 4 à 5 décimètres; rameaux droits étalés. *Feuilles inférieures et moyennes pétiolées, oblongues, aiguës*, très-entières, parfois un peu roulées en leurs bords, luisantes supérieurement; les inférieures sessiles. Fleurs axillaires, éphémères. Calice profondément 5-fide, à divisions inégales, lancéolées, acuminées. *Corolle* infundibuliforme blanche en dedans, livide en dehors, quelquefois d'un blanc-bleuâtre; tube pubescent, *deux fois aussi long que le calice; limbe* 5-fide à *divisions oblongues obtusiuscules. Capsule à quatre valves*, subglobuleuse.

Les fleurs désséchées fournissent aux indigènes un tabac de haute qualité.

21° *Nicotiane crépue* (*nicotiana crispa*, Cavan). *Tige* cylindrique, grêle, très-velue, rameuse, à rameaux alternes, dichotomes vers le haut. *euilles pétiolées, lancéolées-linéaires* un peu plus courtes que celles de la nic. augustifolia), *crépues, velues*, *glutineuses. Fleurs en grappes dichotomes.* Calice velu. Tube de la corolle long, limbe court.

Indigène près de San-Blas dans l'Amérique septentrionale, à 21° 32′ latitude nord et 109° 50′ longitude ouest.

22° *Nicotiane à longues fleurs* (*nicotiana longiflora*, Cav.). Plante velue. Tige arrondie. *Feuilles inférieures pétiolées, cunéiformes, oblongues, terminées par une pointe;* les supérieures linéaires subsessiles. *Fleurs solitaires axillaires* et terminales placées vers la partie supérieure des rameaux. Corolle à tube cinq fois aussi long que le calice; divisions du limbe acuminées.

Indigène au Chili, par 24° jusqu'à 37° de latitude sud.

23° *Nicotiane tendre* (*nicotiana tenella*, Cav.). *Tige* de 2 à 3 décimètres, *simple, filiforme. Feuilles sessiles, aiguës; les radicales et les inférieures ovales* de 5 à 7 centimètres de long sur 2 à 3 de large; *les supérieures lancéolées* plus petites et étroites. Fleurs solitaires et axillaires espacées. Corolle à tube grêle, long de 3 à 4 centimètres; divisions du limbe, aiguës.

Indigène aux environs d'Acapulco, ville de la nouvelle Espagne, sur le grand Océan par 16° 50′ 29″ de latitude nord et 102° 6′ 0″ de longitude ouest.

24° *Nicotiane de Langsdorff* (*nicotiana Langsdorffii*, Weinm.). Plante velue, presque visqueuse. Tige de 14 à 16 décimètres, rameuse. *Feuilles inférieures ovales, obtuses, pétiolées; les supérieures lancéolées, aiguës, presque sessiles, décurrentes.* Fleurs en panicule, vertes, penchées, presque unilatérales; les deux dents supérieures du calice plus longues. *Corolle à tube en massue* trois à cinq fois plus longue que le *calice, limbe obtus.* Capsule ovale, obtuse.

Indigène au Brésil, dont la latitude est entre 4° 10′ nord et 33° 33″ sud, et la longitude entre 37° et 73° 30′ ouest.

Telles sont les principales espèces de nicotiane admises par les botanistes : plus d'une d'entre elles ne semblent être que de simples races ou des variétés d'un type qui s'est modifié sous l'influence du sol et du climat.

Nous avons cultivé et vu cultiver la plupart de ces espèces, et quoique nous n'ayons pas pour mission de réviser le genre, nous ne saurions cependant nous empêcher de constater ici que la nicotiane de la Chine et la nicotiane frutescente ont entre elles de si étroites liaisons, des affinités si bien prononcées, que, lorsqu'on examine une série d'individus provenant de divers semis, il ne peut pas rester le moindre doute sur l'origine de ces deux espèces, qui sont issues d'un même type ; enfin, la nicotiane tabac ne présente aucun caractère botanique qui la distingue des deux espèces précédentes, sauf la durée de la souche. Or, cette vivacité n'est que d'une très-faible importance aux yeux du botaniste. En effet, il est démontré que la nicotiane tabac peut aussi en quelque sorte devenir vivace dans les pays méridionaux. Ensuite qui ne connaît les observations de Sageret sur l'hybridation des végétaux, et particulièrement celles du *nicotiana tabacum* fécondées par la *nicotiana undulata* qui repoussait de racine partout dans son jardin. Cette similitude avait déjà été soupçonnée par Linné et Miller, il y a plus d'un siècle.

La nicotiane à feuilles étroites, la nicotiane à feuilles de lance et la nicotiane ondulée ne proviendraient-elles, pas d'un même type? la nicotiane paniculée et la nicotiane cérinthoïde ne sortiraient-elles pas d'une même souche? et la nicotiane à feuilles de plumbago et la nicotiane festonnée n'auraient-elles pas la même origine? La persistance de certains caractères ne nous permet pas de trancher notre doute, qu'il ne serait pas sans intérêt d'éclaircir. Nous y appelons l'attention des observateurs.

## § 2. — *Étude chimique.*

Une plante à laquelle on attribua dès son introduction en Enrope des propriétés quasi merveilleuses, tout en étant loin de fournir des applications économiques utiles, dut naturellement fixer l'attention des alchimistes de l'époque : ils y constatèrent l'existence d'une huile, d'un baume capable de guérir toutes les lésions externes; ils prétendaient qu'aucune plaie de quelque mauvaise nature qu'elle fût n'aurait pu y résister; à cela se bornèrent les notions sur la composition intime des diverses parties du tabac. C'était une grande acquisition pour les alchimistes; c'était une notion de nulle valeur pour leurs successeurs les chimistes.

Les analyses chimiques du tabac ont été opérées la plupart sur des variétés à longues feuilles; les auteurs ont négligé de nous renseigner positivement sur les sortes de tabac qui ont servi à leurs analyses; mais il résulte de l'observation scientifique et de celle des consommateurs, qu'il ne suffit pas de connaître l'espèce et la variété pour se prononcer sur la force d'un tabac; il faut avant tout connaître le lieu de provenance et la nature du sol qui l'a produit. Ensuite, est-il indifférent de prendre les feuilles séchées ou bien les feuilles du commerce? Les feuilles simplement desséchées ne jouissent pas du même piquant que le tabac du commerce qui a subi diverses manipulations; d'où il est permis de conclure que leur composition chimique doit varier : en effet, le principe excitant du tabac est peu sensible dans les feuilles qui n'ont subi d'autre manutention que la dessiccation; tandis que dans celui qui a été soumis à la fermentation, comme cela a eu lieu pour le tabac du commerce, celle-ci a mis ce principe en liberté par la combinaison de l'alcali volatil avec l'acide auquel se trouve combiné le principe actif du tabac : dès lors ce principe trahit son existence ainsi que l'alcali volatil qui est mis à nu, et le tabac devient éminemment plus actif. Ce principe alcaloïde, nommé nicotine, devenu si célèbre dans les annales judiciaires, a fourni à un savant chimiste belge, M. Stas, l'occasion de prouver qu'il n'est aucun principe vénéneux organique qui ne puisse être décélé par l'analyse, contrairement à ce que le prince des toxicologistes français avait écrit six ans auparavant.

L'analyse du tabac à larges feuilles a fourni en cendre :

| | |
|---|---|
| Racines . . . . . . . | 0,07 |
| Tiges . . . . . . . . | 0,10 |
| Côtes ou nervures . . | 0,22 |
| Feuilles . . . . . . . | 0,25 |

M. Joubert a trouvé :

1° Une grande quantité de matières animales, de matières albumineuses;

2° Du malate de chaux ;
3° De l'acide acétique ;
4° Du muriate et du nitrate de potasse ;
5° Une matière rouge soluble dans l'eau et l'alcool qui se boursoufle enfin.
6° Du muriate d'ammoniaque ;
7° Un principe âcre et volatil particulier qui peuvent être la source du montant du tabac et du produit qui domine dans la fumée de cette plante. Ce principe non dénommé par M. Joubert est la nicotine.

M. Vauquelin a constaté dans les feuilles du tabac :

1° Beaucoup d'albumine ;
2° Une matière rouge peu connue, soluble dans l'eau et l'alcool, qui se boursoufle lorsqu'on la chauffe ;
3° Un principe âcre, volatil, incolore, peu soluble dans l'eau et très-soluble dans l'alcool, à qui le tabac doit ses propriétés ;
4° De la résine verte ;
5° Du ligneux ;
6° De l'acide acétique ;
7° De l'hydrochlorate et du nitrate de potasse ;
8° De l'hydrochlorate d'ammoniaque ;
9° Du malate acide de chaux ;
10° De l'oxalate et du phosphate de chaux ;
11° De l'oxide de fer ;
12° De la silice.

Les analyses quantitatives étant insuffisantes pour en déduire des applications agricoles, des chimistes aussi distingués qu'habiles manipulateurs ont répété ces analyses, et y ont introduit une notion de plus : les quantités. Avant d'aller plus loin, disons qu'il ne suffit pas, comme certaines personnes le croient, de connaître uniquement la teneur en principe actif ou nicotine pour apprécier la valeur d'un tabac, car il est reconnu que les tabacs les plus réputés et les plus recherchés par les fumeurs, comme les tabacs de la Virginie, du Maryland et de Cuba, contiennent moins de nicotine que beaucoup de tabacs d'Europe ; ce qui prouve, comme le dit très-bien le comte de Gasparin, que l'abondance de nicotine est loin d'indiquer la qualité supérieure du tabac, pas plus que celle de l'alcool ne fait un vin de première qualité. Les analyses ont été opérées en vue de pouvoir ajouter au sol toutes les substances que le tabac y puise et l'approprier ainsi à donner une récolte riche et abondante.

MM. Posselt et Reimann ont trouvé dans les feuilles de tabac, à l'état normal, les résultats suivants :

| | |
|---|---|
| Eau. . . . . . . . . . . . . . . . . . . . | 88,080 |
| Fibre ligneuse . . . . . . . . . . . . . . | 4,969 |
| Matière extractive faiblement amère . . . . | 2,840 |
| Gomme mêlée d'un peu de malate de chaux. | 1,140 |
| Substance analogue au gluten . . . . . . . | 1,048 |
| Résine verte . . . . . . . . . . . . . . . | 0,261 |
| Albumine végétale . . . . . . . . . . . . | 0,260 |
| Nicotine . . . . . . . . . . . . . . . . . | 0,060 |
| Matière grasse volatile (nicotianine). . . . | 0,010 |
| Acide malique . . . . . . . . . . . . . . | 0,510 |
| Malate d'ammoniaque . . . . . . . . . . . | 0,120 |
| Sulfate de potasse . . . . . . . . . . . . | 0,048 |
| Chlorure de potassium . . . . . . . . . . | 0,063 |
| Azotate et malate de potasse . . . . . . . | 0,095 |
| Phosphate de chaux . . . . . . . . . . . . | 0,166 |
| Malate de chaux . . . . . . . . . . . . . | 0,242 |
| Silice. . . . . . . . . . . . . . . . . . . | 0,088 |
| Total. . . | 100,000 |

Les dix échantillons de tabacs de Hongrie analysés par Will et Fresenius ont donné en moyenne :

| | | |
|---|---|---|
| Les feuilles. . . . | 22,6 | pour 100 de cendres. |
| Les tiges . . . . . | 22,2 | » » » |

Les cendres ont offert la composition suivante :

| | |
|---|---|
| Potasse . . . . . . . . . . . . | 17,52 |
| Soude. . . . . . . . . . . . . | 0,25 |
| Chaux. . . . . . . . . . . . . | 38,40 |
| Magnésie . . . . . . . . . . . | 12,08 |
| Chlorure de sodium. . . . . | 5,16 |
| Chlorure de potassium . . . | 3,11 |
| Phosphate de fer . . . . . . | 6.42 |
| Phosphate de chaux. . . . . | 0,59 |
| Sulfate de chaux . . . . . . | 6,96 |
| Silice . . . . . . . . . . . . . | 9,51 |
| TOTAL. . . | 100,00 |

MM. Pelouze, membre de l'Institut de France, Frémy, professeur de chimie à l'École polytechnique de Paris, et Beauchet ont analysé un grand nombre de tabacs ; nous faisons l'extrait suivant de ces analyses :

| | TABAC DE VIRGINIE. | | | LE MARYLAND. | | | KENTUCKY. | | DE LA FLANDRE FRANÇAISE. | | | DU DÉPARTEMENT DU LOT. | | |
|---|---|---|---|---|---|---|---|---|---|---|---|---|---|---|
| | TIGES. | CÔTES. | FEUILLES. | TIGES. | CÔTES. | FEUILLES. | CÔTES. | FEUILLES. | TIGES. | CÔTES. | FEUILLES. | TIGES. | CÔTES. | FEUILLES. |
| Taux pour cent de cendres. . . . . . . . | 11.7 | 17.4 | 18.5 | 10.5 | 18.5 | 17.2 | 20.9 | 18.7 | 11.2 | 20.2 | 24.1 | 16.5 | 25.5 | 19.8 |
| Matières solubles pour cent de cendres. . | 48.5 | 48.0 | 34.9 | 33.4 | 70.8 | 41.5 | 47.5 | 45.8 | 37.5 | 39.3 | 32.1 | 33.1 | 34.0 | 23.2 |
| Matières insolubles pour cent de cendres. | 51.5 | 52.1 | 65.1 | 66.6 | 29.2 | 58.5 | 52.5 | 54.2 | 62.7 | 60.7 | 67.9 | 44.9 | 66.0 | 76.8 |
| *Les cendres ont présenté :* | | | | | | | | | | | | | | |
| Sulfate de potasse. . . . . . . . . . . . . | » | 5.7 | 9.1 | 5.5 | 5.7 | 6.8 | 4.7 | 11.2 | 11.6 | 11.8 | 17.5 | 8.4 | 2.8 | 6.5 |
| Carbonate de potasse . . . . . , . . . . . | » | 35.2 | 21.8 | 71.4 | 64.1 | 32.5 | 42.2 | 33.9 | 1.1 | 3.8 | 9.7 | 25.5 | 0.4 | 3.4 |
| Chlorure de potassium . . . . . . . . . | » | 7.1 | 4.2 | 6.7 | 0.9 | 2.1 | 0.7 | 0.7 | 24.0 | 25.7 | 4.8 | 21.4 | 31.5 | 11.5 |
| Silice . . . . . . . . . . . . . . . . . . . | » | 5.2 | 3.2 | » | 1.2 | 6.9 | 2.6 | 4.6 | 19.5 | 4.1 | 7.8 | 10.5 | 4.5 | 6.2 |
| Oxyde de fer, de magnésium, de manganèse et phosphate de chaux. . . . . . . | » | 30.7 | 19.5 | » | 10.5 | 20.7 | 25.1 | 8.5 | 20.8 | 25.7 | 5.8 | 26.1 | 22.0 | 32.9 |
| Carbonate de chaux . . . . . . . . . . . . | » | 16.1 | 45.6 | » | 19.5 | 31.3 | 22.5 | 41.1 | 21.4 | 30.9 | 54.2 | 8.5 | 39.8 | 37.7 |

Le tabac est donc une plante riche en matières azotées, en potasse, en chaux, en magnésie et en chlorures solubles. Il est une des plantes qui contiennent le plus de matières minérales. (Girardin et Dubreuil.)

Les feuilles de tabac sèches renferment 5 à 6 p. c. d'azote, selon leurs variétés, 0.26 de potasse et 0.44 de chaux. La tige et les racines ont à peu près le même poids que les feuilles. Les feuilles de tabac à l'état normal, telles qu'elles se vendent, n'ont perdu que la moitié de leur humidité. Ainsi 100 kilogr. de feuilles ou 200 de substance, y compris les tiges et racines à l'état normal, représentent 44 kil. à l'état sec et contiennent 2 kil. 64 d'azote, 0 kil. 114 de potasse et 0 kil. 194 de chaux. (Comte de Gasparin.)

## CHAPITRE IV.

### Du climat et du choix des espèces et variétés.

Toutes les espèces de nicotianes sont originaires des pays chauds et croissent de préférence sur les plateaux et les coteaux élevés à bonne exposition du sud.

Ainsi, on rencontre en première ligne :

1° *Les Antilles* qui n'ont que deux saisons : la saison sèche qui dure depuis la fin d'octobre jusqu'en avril, et celle des pluies tout le reste de l'année. Pendant la première, le ciel des Antilles est le plus serein de la terre, mais la dernière est signalée par de violents orages et d'affreux ouragans.

On trouve ici l'île de Cuba et l'île de la Jamaïque qui fournissent d'excellent tabac.

2° *Le Mexique*, situé sur une grande élévation ; il est traversé par de nombreuses chaînes de montagnes et jouit généralement d'une température douce et salubre, sauf les côtes qui sont seules chaudes et malsaines ; on y trouve, comme berceau de certaines espèces et comme centre de production, Vera-Cruz, Accapulco et Menda, capitale de l'Yucatan.

3° *Le Guatémala.* Son climat est à peu près celui du Mexique. La fertilité de son sol et la douceur de son climat en feraient la contrée la plus agréable de l'univers s'il n'était exposé à de violents tremblements de terre. Son tabac est d'excellente qualité.

4° *Le Pérou.* Il a les températures les plus variées, à la faveur de la chaîne des Andes qui est couverte de neiges perpétuelles. Le pays compris entre cette chaîne et la mer n'est qu'une côte sablonneuse et aride où la pluie est inconnue; à l'est s'étendent d'immenses plaines chaudes et humides arrosées par les nombreuses rivières qui se jettent dans l'Amazone. C'est dans l'intérieur que croissent diverses espèces de nicotiane, tant à l'état sauvage qu'à l'état de culture; le sol y est volcanique et sablonneux et on le fertilise avec le *guano.*

5° *Le Chili.* Il est généralement sablonneux et aride, mais il est sillonné par un nombre infini de petites rivières qui descendent de la chaîne des Andes et qui traversent les belles vallées où la fertilité du sol répond à la douceur du climat. Malheureusement, ce beau pays est souvent bouleversé par les tremblements de terre produits par les volcans qui brûlent dans les Andes. La Conception fournit du tabac exquis.

6° *La République de Buenos-Ayres,* située sur la rive gauche de la Plata, au milieu d'un pays fertile, jouit d'un climat qui lui a donné son nom et qui signifie bon air.

7° *La République de l'Uruguay,* qui fait partie de

la Plata. Elle offre un territoire en grande partie désert; cependant Montevidéo donne du tabac de haute qualité.

8° *Le cap de Bonne Espérance*, en Afrique. Il possède les productions des climats tempérés et celles des climats de l'Inde; le sol est extrêmement fertile et sa flore est très riche en espèces.

9° *La Nouvelle-Hollande*, qui jouit d'une grande variété de sol et de climat. Cette vaste région offre des sols généralement fertiles et arrosés par de nombreuses rivières; toutes les plantes des pays étrangers y prospèrent, depuis la groseille du nord jusqu'à la banane et l'ananas des tropiques. C'est dans la nouvelle Galles du Sud qu'est situé le port de Jackson, aux environs duquel on a trouvé une espèce de nicotiane.

Par cette revue rapide des régions où les espèces de nicotiane ont été découvertes primitivement et qui en sont devenues par la suite les meilleurs centres de production, nous acquérons la certitude que toutes demandent un climat chaud pour atteindre leur développement et le maximum de qualité qui les font rechercher.

Que certaines nicotianes se soient en quelque sorte naturalisées dans le Nord et y donnent des produits qui ne sont guère moins forts que ceux des contrées méridionales, c'est ce qu'on ne pourrait nier. Mais cette force constitue-t-elle toujours le caractère essentiel d'un bon tabac? Et le tabac fort du Nord peut-il être comparé, au point de vue commercial et vénal, avec le tabac doux doué d'un piquant agréable, d'un parfum fin, exquis? Ce piquant ne devient-il pas désagréable dans le tabac du Nord? enfin ne dégénère-t-il pas en une acreté prononcée dans les pays septentrionaux? Dès lors, peut-on admettre que le tabac s'est naturalisé dans le Nord? Non, il s'y reproduit, mais ce n'est plus le tabac commercial des contrées méridionales auxquelles le commerce s'adresse à juste titre quand il veut se pourvoir de produits de première qualité. Le tabac cultivé dans le Nord n'y conserve que ses caractères extérieurs botaniques; mais ses qualités intrinsèques, la constitution délicate des organes élaborateurs et par conséquent les matières élaborées ont subi l'influence d'un climat plus ou moins inclément.

Cependant les nicotianes peuvent fournir des produits d'une bonne qualité dans les climats moins que tempérés. La Hollande nous en donne un bel exemple; si le climat y est peu favorable, l'assainissement, les préparations du sol et les abris y suppléent efficacement. Il va sans dire que la récolte n'est pas également bonne toutes les années; en effet, la réussite est subordonnée à la température et à l'atmosphère plus ou moins sèche de la saison d'été. Par un été sec et chaud, les nicotianes, dans les sols fertiles et bien exposés, donnent des feuilles qui ne le cèdent guère quelquefois aux qualités ordinaires des pays chauds des Antilles. Cependant toutes les espèces ne peuvent pas y être cultivées.

Dans les climats chauds, on doit s'attacher aux espèces qui de leur nature sont douces; dans les climats tempérés et froids, on accorde la préférence aux espèces de force moyenne et à végétation précoce.

Ce n'est que dans les contrées qui se distinguent

par un air serein à peine agité par quelques rares bises, qu'on peut prendre les espèces et les variétés à feuilles larges, longues et épaisses; tandis que, dans des conditions opposées, il importe de ne cultiver que les espèces à feuilles rapprochées, sinon on court le risque de ne récolter que des feuilles détériorées par les pluies, les vents ou les orages.

Dans les climats doux, les variétés à feuilles espacées donnent un produit supérieur en qualité à celui des variétés à feuilles rapprochées.

Le parfum du tabac est d'autant plus fin et pénétrant, qu'il acquiert une maturité plus complète et que le sol lui convient; mais sans bon sol le climat seul ne peut pas assurer des produits supérieurs.

Le parfum et le goût du tabac sont d'autant moins agréables que les plantations s'élèvent au nord : mais une bonne exposition et un sol chaud peuvent en partie contre-balancer les effets de l'inclémence du climat.

Ces notions ne peuvent être perdues de vue; car il est dans l'intérêt du cultivateur qu'il sache prévoir les résultats et prendre les mesures capables d'améliorer ses produits.

Indiquons actuellement les espèces et les variétés que l'on cultive principalement dans les diverses parties du monde.

Dans le midi de l'Europe on cultive généralement :

1° La nicotiane tabac.

A) *Race géant à larges et grandes feuilles*. Cette race est la plus avantageuse à cultiver sous le rapport du poids et de la largeur des feuilles et de la finesse du goût, mais elle craint les froids, les brouillards et les ouragans. — Variété : *tabac d'Amersfort.*

B) *Race ordinaire.* Elle est moins sensible aux froids que la précédente, perd moins par la dessiccation et exige un sol moins fertile.

*a Variété* à longues feuilles étroites.

*b*) *Variété* pâle.

2° Nicotiane paniculée. Cette espèce exige beaucoup de chaleur et peu d'arrosements : elle est beaucoup cultivée dans les départements du sud-ouest de la France : c'est une espèce très-douce. — Variété *Havane doux.*

3° Nicotiane rustique; on en prépare le tabac de Salonique et probablement aussi celui de Latakié.

4° La nicotiane à feuilles étroites;

5° La nicotiane frutescente;

6° La nicotiane de la Chine.

Dans l'Amérique septentrionale, dans l'Asie occidentale et dans l'Afrique occidentale on cultive :

1° La nicotiane tabac, type;

2° La nicotiane ondulée ;

3° La nicotiane rustique, (très-cultivée dans l'Afrique et l'Égypte) ;

4° La nicotiane festonnée;

5° La nicotiane à quatre valves ;

6° La nicotiane frutescente ou de Virginie véritable;

7° La nicotiane de Perse, (elle produit le célèbre tabac de Shirac).

Dans l'Amérique méridionale et dans la Nouvelle-Hollande, on cultive :

1° La nicotiane paniculée;

2° La nicotiane à feuilles étroites;

3° La nicotiane à feuilles de lance;

4° La nicotiane de Buenos-Ayres;
5° La nicotiane crépue;
6° La nicotiane odorante;
7° La nicotiane glutineuse;
8° La nicotiane naine.

Telles sont les espèces et variétés cultivées sur une plus ou moins grande échelle : cependant celles qui fixent spécialement l'attention des producteurs sont :

A.) Dans les régions du Nord :

1° La nicotiane tabac ordinaire, à feuilles longues;
2° La nicotiane tabac ordinaire, à feuilles étroites.

B.) Dans les climats plus doux :

1° La nicotiane tabac géant à larges feuilles;
2° La nicotiane tabac ordinaire à feuilles longues;
3° La nicotiane paniculée;
4° La nicotiane rustique.

C.) Dans les climats chauds et secs :

1° La nicotiane tabac pâle;
2° La nicotiane tabac à grandes feuilles;
3° La nicotiane à feuilles étroites;
4° La nicotiane à feuilles de lance;
5° La nicotiane festonnée;
6° La nicotiane paniculée.

Les gouvernements du nord de l'Europe ont dans ces dernières années provoqué des essais sur diverses variétés de tabac, et ont cru qu'il n'était pas impossible d'obtenir en Belgique et dans le nord de la France des tabacs aussi distinguées ou en approchant que ceux de Cuba ou de Manille. Mais les graines provenant de Cuba et de Manille n'ont donné que des qualités à peine égales, sinon inférieures au tabac ordinaire, et infiniment inférieures quant au poids de la récolte : nouvelle preuve que le climat fait en grande partie les qualités des produits.

On a attribué l'odeur peu agréable des produits du nord au mode d'engraissement : sans nier l'influence des engrais sur le parfum du tabac, nous ne pouvons cependant, avec l'emploi des meilleurs engrais dans la culture de cette plante, lui donner le parfum exquis des pays chauds.

Des expériences qui datent de près d'un demi-siècle ont mis cette vérité hors de doute : c'est ce qui ressort d'un extrait de la *Description statistique de la Gueldre, en Hollande*, publiée par la commission d'agriculture de cette province en 1826.

« On n'est pas encore parvenu jusqu'ici, est-il dit dans cet ouvrage remarquable, à enlever à notre tabac son odeur peu agréable. En 1818, à la demande du ministre de l'intérieur, on institua dans cette vue des essais culturaux. Croyant que cette odeur était probablement due à la forte fumure qu'exige le tabac dans nos terrains, et surtout à l'odeur putride émanant du fumier de mouton, on a planté du tabac tant ordinaire qu'américain (*nicotiana tabacum et paniculata*) dans des terrains fumés avec du fumier frais de vache, et sur des jachères fumées l'année précédente avec les mêmes engrais pour une récolte de choux. Le résultat de ces essais, faits avec beaucoup de soin, a prouvé à tous égards que la qualité du sol et de l'engrais exerce une influence particulière sur le tabac comme sur beaucoup d'autres récoltes, au double point de vue de l'odeur et du goût. Quoi qu'il en soit, le tabac obtenu était toujours aussi fort, sinon plus fort que d'habitude ; l'odeur, tout en étant moins prononcée, était cependant peu agréable, et comme le rendement en poids de la récolte était moindre que celui du tabac produit dans les sols abondamment fumés, on jugea avec raison que la légère amélioration de la qualité ne pouvait compenser la diminution considérable du rendement. »

Quand on a choisi l'espèce que l'on veut obtenir, on se procure de la graine : elle ne peut pas être surannée ; la meilleure est celle qui a atteint le dernier degré de maturité sur la plante même ; celle qui n'a acquis sa maturité qu'après sa rentrée au grenier, ne produit souvent que des plantes peu vigoureuses et toujours moins robustes que celles provenant de graines qui ont mûri sur pied.

Pour ne pas s'exposer à essuyer des revers dans sa culture, il est prudent de s'adresser, si on ne peut faire sa récolte soi-même, à un grainetier sur la bonne foi duquel on puisse compter. Cependant, quoique les grainetiers essaient leurs semences, le producteur a soin de répéter l'essai : à cet effet il humecte un morceau de drap sur lequel il dépose quelques graines, après quoi il le plie en deux et le met dans un endroit dont la température s'élève de 15 à 18 degrés : si la graine se gonfle et laisse saillir un petit corps blanchâtre qui n'est que la radicule, au bout de quatre à six jours on a la certitude que la semence est bonne et que la germination ne tardera pas à s'effectuer si le semis a été fait par un temps favorable et si la graine n'a pas été trop fortement couverte.

# CHAPITRE V.

## Des terrains propres au tabac.

Le tabac (1) croît dans tous les terrains, pourvu qu'ils soient profonds, parfaitement ameublis et substantiels, unis ou homogènes, frais sans humidité et abrités des vents du nord.

Cependant, dans les terres trop fortes, compactes, de nature argileuse plastique, les plantes restent rabougries ; les produits sont de mauvaise qualité.

Dans les sols secs et maigres, il est frappé de maturité prématurée.

Dans les terres grasses et humides, comme dans certains polders, il prend un énorme développement, mais le produit est gras, acide ou herbacé, souvent même d'une âcreté repoussante ; son aspect est mauvais; aussi ne convient-il que pour en faire de la poudre. La terre légère, douce et sablonneuse et sablo-argileuse fournissent le meilleur tabac à fumer.

(1 Au lieu de dire *nicotiane tabac*, etc., nous écrirons à l'avenir *tabac*.

Pour réussir, le tabac exige donc un sol argilo-sablonneux ou sablo argileux, argilo-calcaire et riche en éléments ou détritus organiques et de préférence provenant du règne végétal, à moins que les engrais enfouis et déjà mêlés au sol ne soient arrivés à un degré très-avancé de décomposition.

Si l'on ne dispose que d'un terrain argileux, compact, fort, il ne faut pas tenter la culture du tabac ; on est sûr d'avance d'échouer.

S'il est argileux, il faut l'amender avec du sable ou de la chaux ; s'il est trop sablonneux on y met de la chaux ou de l'argile marneuse, ou de la marne argileuse ; s'il est trop calcaire, on y mettra de l'argile ou de la terre argileuse.

A côté de la nature du sol, vient se placer naturellement sa situation.

Un sol situé dans un bas-fond ne convient pas beaucoup au tabac ; si un peu d'humidité lui est très-utile pendant les premières périodes de croissance, l'eau, au contraire, lui est très-pernicieuse lorsque les feuilles commencent à prendre leur consistance et leur maturité : il y parvient rarement à maturité et subit souvent les influences délétères de la rouille et des gelées blanches qui l'endommagent presque toujours gravement.

Les sols situés sur une élévation ne sont guère plus convenables; car le tabac y est exposé pendant tout le temps de sa première végétation à dépérir par suite de sécheresse, ou tout au moins à languir ou à ne prendre qu'un médiocre développement.

Les sols formant les côtés des collines lui sont de beaucoup préférables, et les plaines situées sur une certaine élévation dans l'Amérique, l'Afrique et l'Asie fournissent les produits les plus beaux et les plus abondants. Cependant les meilleurs tabacs s'obtiennent dans les alluvions très-riches en potasse. Les terrains calcaires situés sur les versants des montagnes produisent les tabacs fins et légers du Maryland.

En Europe, sauf quelques exceptions dans le Midi, les plaines et les vallées fraîches procurent les meilleurs résultats.

Les sols qui bordent la mer, de nature ordinairement sablonneuse ou arénaire, de même que les forêts que l'on vient de défricher et qui sont très-riches en matières humeuses, pourvu qu'ils soient à bonne exposition du sud, fournissent de très-bons produits, recherchés par tous les connaisseurs.

Quant à l'exposition, les côtés exposés au sud sont supérieurs à ceux qui ne reçoivent que le soleil du levant ou du couchant; l'exposition au nord est toujours la moins favorable.

Les cas où l'on rencontre l'exposition la plus avantageuse sont assez rares; on le cultive autant que possible dans des terrains ayant une légère pente vers le sud; cependant, à défaut de cette situation, on obtient de beaux tabacs dans les plaines que l'on entoure d'abris artificiels ou naturels qui sont les haies. En Hollande et dans la plupart des pays du Nord qui se livrent à la production du tabac, on adopte généralement ce système.

# CHAPITRE VI.

## De la place que le tabac occupe dans les rotations.

Le tabac est une plante commerciale et économique qui puise dans le sol la plus grande partie de ses éléments nutritifs et qui ne lui restitue rien ou presque rien des substances qu'il y a prises pour acquérir son développement.

Si le sol qui doit le nourrir n'est pas fertile, il ne prend aucune vigueur, sa croissance est lente et sa végétation est malingre. — Le sol est-il riche et meuble? sa végétation est rapide et luxuriante.

Le tabac et le lin sont peut-être, dans la classe des plantes commerciales et industrielles, celles qui se montrent d'abord les plus capricieuses sur la qualité du sol et ensuite celles sur lesquelles les qualités des engrais exercent le plus d'influence. Aussi ne suffit-il pas d'avoir à sa disposition de grandes quantités de fumier et une terre argilo-sablonneuse pour se livrer immédiatement à la production du tabac ou du lin : il faut que ces engrais aient été mélangés, incorporés aux molécules du sol et que leur décomposition s'y soit effectuée lentement. Alors, on peut espérer une bonne récolte de feuilles. Sans cette qualité du sol, que les cultivateurs désignent si bien sous le nom de vieille force, on est presque sûr de ne pas réussir.

Avant que le Nouveau-Monde nous eût dotés de la plupart des plantes sarclées qui ont imprimé à notre agriculture de si utiles réformes, on ne cultivait le tabac que sur jachère : aujourd'hui, il est devenu lui-même un remplaçant de la jachère.

Le tabac peut-il se succéder à lui-même pendant plusieurs années? La plupart des cultivateurs qui se livrent à la production du tabac répondent affirmativement à cette question, à la condition qu'on prodigue avec force les engrais liquides fermentés : ils ont remarqué aussi que le sol qui porte pour la première fois du tabac fournit des feuilles douées d'un piquant qui passe souvent à l'âcre, et dans tous les cas d'un parfum et d'un goût moins agréables que les récoltes qu'on obtient ultérieurement. Ces faits sont appuyés de l'autorité des cultivateurs les plus expérimentés.

Tout porte à croire que, s'il était placé dans un sol qui convient à sa nature, le tabac se soutiendrait pendant un grand nombre d'années : plus d'un exemple confirme cette supposition ; mais nous ne citerons que celui du pays de Clèves, où depuis quarante ans il se succède à lui-même sans interruption et donne des récoltes presque aussi fortes aujourd'hui que la première année de sa plantation.

Est-il rationnel de faire succéder le tabac à lui-même ?

Les hommes expérimentés dans la culture du tabac soutiennent l'affirmative, tandis que d'autres, imbus de théories hypothétiques, prétendent le contraire. Ceux qui soutiennent qu'il vaut mieux faire revenir le tabac sur le même terrain, parce que la qualité y gagne, ont l'expérience pour eux, défient les purs théoriciens, et méritent pleine confiance, pour autant qu'on ne pousse pas le retour de cette plante jusqu'à l'épuisement du sol. Cet épuisement se produit bientôt, si on ne restitue pas au sol les matières que les plantes lui ont enlevées.

Jusqu'à quel point la science peut-elle démontrer que ce système est rationnel ? Une explication de la chose, basée sur des recherches et des considérations physiologiques réduites à une réponse catégorique, nous paraît impossible à donner. Cependant loin de nous de prétendre que cette question ne puisse recevoir un jour sa solution. Aussi hasarderons-nous quelques lignes qui tendent à l'éclaircir.

Le tabac est une plante pourvue d'une grande force de végétation, quand il se trouve en bon sol et dans un climat doux; dans ce cas il n'y a pas de doute qu'elle ne puisse devenir vivace. Dans des conditions opposées, les gelées amènent incessamment la destruction de la plante; mais si dans ces circonstances climatériques on lève en automne quelques pieds qu'on place en serre ou dans un lieu abrité et éclairé, ils continuent à vivre et forment au printemps des rameaux qui se terminent par une grappe de fleurs. Pour se convaincre de la justesse de cette observation, on rapporte qu'on a cultivé le tabac en pots : on l'a arrosé avec des engrais liquides et il a donné pendant huit ans des feuilles amples et infiniment supérieures à celles provenant d'une plantation de première année faite en pleine terre. Cette expérience, qui, paraît-il, a été répétée à diverses reprises et a amené chaque fois le même résultat, donne de la consistance à l'opinion de certains botanistes que le tabac est une plante vivace et, comme telle, peut se succéder plusieurs fois de suite, si l'on a soin de mettre à sa portée des engrais consommés. Ne remarque-t-on pas la même chose à l'égard du houblon, de la pomme de terre et chez toutes les plantes vivaces cultivées dans nos jardins? En est-il une seule qui ne perde de sa vigueur si on ne lui donne pas des engrais? Ensuite ne sait-on pas que les plantes odoriférantes répandent une odeur moins forte la première année du semis que les années subséquentes?

La connaissance de ces faits a été la cause principale pour laquelle on a conseillé la culture du tabac frutescent et du tabac de la Chine. Ce conseil a été bien fructueux pour les pays méridionaux; mais dans les climats tempérés et dans le nord, les plantations de ces espèces n'ont pas répondu à l'attente, de façon qu'il a fallu y renoncer.

Le tabac dans les climats tempérés est donc une culture annuelle épuisante; il peut se suivre plusieurs années de suite dans certains sols, tandis que dans d'autres terrains, dès la seconde année, le produit subit une diminution considérable. C'est par l'expérience seule qu'on peut savoir et juger s'il est avantageux ou non de le faire succéder à lui-même.

Si le tabac refuse de se succéder à lui-même plusieurs fois, on le fait entrer dans une rotation de plus ou moins courte durée : pour son retour on prend en considération la nature, la richesse du sol et la valeur du produit comparé avec d'autres récoltes. Si le tabac donne, après déduction des frais, une rente plus élevée qu'aucune autre récolte, on le fait revenir à des époques plus rapprochées.

Dans la Virginie, il est d'immenses étendues de terrains qui ont produit pendant plus de soixante ans du tabac dont l'ampleur des feuilles, eu égard à l'espèce, étonnaient à juste titre les Européens.

On a observé encore, aussi bien en Europe qu'en Amérique, en Océanie et en Afrique, que le rendement du tabac cultivé pendant plusieurs années sur le même sol diminue plus ou moins en quantité et que les feuilles deviennent moins amples, mais gagnent beaucoup sous le rapport de la densité.

Le tabac est plus souvent cultivé après les céréales qu'après le trèfle ou sur un pâturage rompu; il est assez indifférent sur la récolte à laquelle il succède, mais il est indispensable que le sol soit labouré et façonné vigoureusement; sinon on compte sans son hôte et on fait une mauvaise affaire.

Si le sol est bien ameubli et profond, le tabac peut se planter après la première coupe d'un fourrage, tel que le trèfle incarnat, un mélange de vesces et de graminées fourragères précoces, d'orge ou de seigle coupés en vert avant la sortie de l'épi.

Dans les contrées et les fermes où le tabac ne se succède pas, on le fait entrer dans certaines rotations dont nous allons citer quelques exemples.

La partie inférieure de l'Alsace, où l'agriculture est

triennale et qui se livre à la production du tabac, suit la rotation suivante :

Tabac ; Blé ; Orge.

L'illustre Schwerz fait la réflexion suivante sur cette rotation : « La jachère y est inconnue : le sarclage à la main y est employé généralement : on y manque de prairies ; le trèfle n'y réussit pas très-bien ; le bétail y est misérable et peu nombreux ; l'engrais est en grande partie acheté dans les villes. Une aussi riche agriculture, avec le système de la vaine pâture et peu de bétail, ne peut se maintenir que dans un pays qui, comme l'Alsace, jouit d'un sol très-fertile, de beaucoup de facilité à se procurer des engrais étrangers, d'une population très-active et de circonstances accessoires très-avantageuses. »

A Gries, on voit la rotation suivante dans les terrains sablonneux :

1° Tabac ;
2° Seigle, puis navets ;
3° Pommes de terre ou chanvre, maïs, pois, topinambours ;
4° Seigle, puis navets.

De Wissembourg à Schleithal, dans des excellentes terres argileuses contenant vingt pour cent de calcaire, on trouve des rotations sur lesquelles Schwerz s'exprime en ces termes : « Cet excellent sol produit sans interruption et sans jachère : *froment*, *trèfle* ; *froment*, *chanvre* ; *froment*, *colza* ; *froment*, *pavots* ; *froment*, *tabac* ; *froment*, *fèves*. La terre se repose aussi peu que la houe. Il est presque incroyable qu'avec un assolement aussi épuisant, dans lequel *chanvre*, *fèves*, *tabac*, *pavots*, *trèfle*, *colza alternent* constamment avec le blé, on ne fume qu'une fois en huit ans. Mais si on retire le trèfle de l'assolement, il faut fumer à la cinquième année. Les pommes de terre sont ordinairement suivies de méteil. On a fait à Schwindratzheim la singulière remarque que le colza qui vient à la septième année de fumure après le blé, précédé de trèfle, réussit mieux que lorsqu'il est placé à la troisième année de fumure, immédiatement après le blé qui suit le chanvre, tant le trèfle produit d'effet et tant est important un classement judicieux des plantes dans l'assolement. »

Voici quelques exemples de rotations.

A Vendenheim :

1° Chanvre, tabac avec 40 voitures d'engrais par hectare ou colza avec 50 voitures ;
2° Blé, puis navets ;
3° Fèves,
4° Blé,
5° Trèfle,
6° Blé, puis navets.

ou bien :

1° Chanvre, tabac avec engrais;
2° Blé,
3° Orge,
4° Trèfle,
5° Colza,
6° Blé, puis navets.

A Hausbergen :

1° Tabac,
2° Blé, puis navets,
3° Pommes de terre,
4° Méteil,
5° Chanvre,
6° Orge,
7° Trèfle,
8° Blé, puis navets.

Mais ici on fume pour le tabac, les pommes de terre et le chanvre. Le sol est par conséquent moins fertile que celui de l'assolement (rotation) précédent. L'orge de printemps après le chanvre réclame notre attention, car les céréales d'hiver ne réussissent pas toujours bien à la suite du chanvre.

A Bischeim :

1° Moutarde blanche ou noire fumée,
2° Blé,
3° Fèves,
4° Blé, puis navets,
5° Tabac avec engrais,
6° Blé, puis navets,
7° Chanvre fumé avec 30 voitures à 2 chevaux d'engrais et 50 sacs de germes d'orge maltée par hectare,
8° Blé,
9° Orge,
10° Trèfle plâtré,
11° Blé, puis navets,
12° Pommes de terre fumées,
13° Blé avec 30 sacs de plumes par hectare (1).

Il n'y a que le voisinage d'une ville (Strasbourg), qui rende une pareille culture possible. La moutarde passe pour une meilleure préparation au blé que le chanvre.

(1) Dans un pays où l'on profite avec avidité de tous les moyens possibles d'amendement, il n'est pas surprenant que l'on se serve comme engrais, des plumes d'oiseaux domestiques qui ne sont pas susceptibles d'un autre emploi. On les recueille séparément au lieu de les jeter sur les tas de fumier, comme on le fait ailleurs. (Schwerz.)

A Obernheim, on trouve parfois aussi l'assolement suivant peu usité en Alsace :

1° Pommes de terre, ou 1 fèves,
2° Orge, ou 2 blés,
3° Trèfle,
4° Tabac,
5° Blé,
6° Orge.

Rotation excellente à laquelle peu d'autres peuvent être comparées.

A Weyersheim, bonne terre à blé :

1° Tabac,
2° Blé, puis navets,

et ainsi de suite à toute éternité. Le tabac a un goût plus doux, sans doute à cause de son retour répété sur le même champ. L'engrais que le blé et les navets ne peuvent produire est acheté.

Dans le Palatinat, sur une terre sablo-argileuse, on trouve à Hasloch :

1° Tabac avec fumure,
2° Épeautre,
3° Orge,
4° Trèfle,
5° Pommes de terre.

Aucune production ne peut précéder plus convenablement les pommes de terre que le trèfle, et il faudrait que celui-ci eût été mauvais pour que les pommes de terre eussent besoin d'engrais. Les pommes de terre laissent au tabac une terre propre et ameublie qui lui convient beaucoup. Après deux récoltes sarclées, la terre doit être parfaitement purgée de mauvaises herbes au profit du trèfle qui suit l'épeautre et l'orge. En un mot, je ne connais rien de mieux calculé que ce petit assolement, et je doute presque que celui de Spire :

1° Tabac avec fumure,
2° Épeautre,
3° Pommes de terre ou betteraves,
4° Orge,
5° Trèfle,

puisse le valoir, quelque parfait qu'il soit d'ailleurs, à moins que l'on ne fume aussi pour les pommes de terre.

Lorsque l'épeautre, l'orge et les pommes de terre précèdent le trèfle, celui-ci trouve une terre bien plus épuisée que si les pommes de terre n'étaient venues qu'après lui. Le trèfle est sans contredit une excellente préparation pour le tabac, mais il l'est également pour les pommes de terre, et celles-ci le sont tout autant pour le tabac que le trèfle. Dans l'assolement de Hasloch, la force productive paraît être mieux distribuée pour la réussite des différentes productions. La place du trèfle est plus vers le milieu de l'assolement, et les pommes de terre trouvent dans ses restes, si je puis m'exprimer ainsi, une nourriture suffisante et surtout convenable. Si elles épuisent beaucoup le sol, au moins l'assolement n'en souffre pas, puisqu'elles y viennent à la fin et qu'elles sont suivies immédiatement d'une fumure. On sait d'ailleurs, en Alsace ainsi que dans le Palatinat, et je l'ai déjà dit plus haut, que deux récoltes sarclées successives sont ce qui remplace le mieux la jachère. Ce qui le prouve, c'est l'excellent assolement usité entre Manheim et Heidelberg, auquel aucun assolement anglais ne peut être comparé :

1° Tabac avec fumure,
2° Épeautre, puis vesces,
3° Orge, puis navets; ces derniers arrosés d'engrais liquide et deux fois piochés,
4° Fèves,
5° Épeautre, même seigle,
6° Maïs, pommes de terre, betteraves, fumés.

On ne fourrage pas les vesces en récolte dérobée de la seconde année, mais au moment des gelées on les enfouit au profit de l'orge qui les suit. Si l'on offrait à un agriculteur de lui faire connaître un assolement meilleur que celui-ci, il devrait, sans hésiter, consentir à faire cent kilomètres à pied pour en voir les effets de ses propres yeux. La perfection de cet admirable assolement est tellement frappante, que je perdrais mon temps à la détailler. Je dois avouer que de tous ceux que j'ai rencontrés ailleurs, ou dont j'ai eu connaissance par la lecture, je ne donne la préférence à aucun sur celui-ci.

On remarque encore dans ce pays un autre assolement peu différent de celui qui précède, il a pour base un retour plus fréquent du tabac.

1° Tabac avec fumure,
2° Épeautre ou seigle, puis vesces,
3° Orge, puis navets,
4° Épeautre, seigle,
5° Betteraves, pommes de terre.

Cet assolement est, à la vérité, plus riche que le précédent; mais il y manque le fourrage, et par conséquent l'engrais : on remplace celui-ci en l'achetant.

On croit, avec raison, qu'un retour plus fréquent du tabac l'améliore, loin de nuire à sa qualité. La même opinion existe dans le pays de Clèves (1).

A Spire, on trouve depuis trente-deux ans tabac et épeautre.

En Belgique, cette terre classique de l'agriculture, les rotations n'ont pas la même uniformité et la même invariabilité en quelque sorte que l'on constate chez beaucoup d'autres nations. Nous laissons à l'ancien directeur de l'académie agricole de Hohenheim, qui a décrit l'agriculture de la Belgique dans tous ses détails, avec une rare exactitude, le soin de nous donner quelques vues générales sur les rotations de cette contrée : « Le seigle, et après lui l'orge d'hiver, le blé, l'avoine, le lin, le colza (quelque peu de pavots, de chanvre, et de tabac), le trèfle, les pommes de terre et les navets en récolte dérobée sont les éléments dont se compose l'admirable agriculture de la Belgique. La population extraordinaire de ce pays rend indispensable une création extraordinaire de produits naturels, et l'industrie des habitants, leur persévérance et leur activité infatigable seules la rendent possible. Néanmoins il faut pour cela plus que de la bonne volonté. Une succession non interrompue de récoltes réclame une fumure non interrompue; et malgré l'énorme quantité d'engrais que le Flamand achète, il ne pourrait acheter ni même

(1) Les rotations de l'Alsace et du Palatinat sont prises dans l'agriculture de l'illustre Schwerz.

trouver à acheter tout celui dont il a besoin. Il faut donc qu'il cherche à en créer la plus grande partie.

» Les surrogats du fumier sont les cendres, la chaux, la colombine, les tourteaux de colza, les boues des rues et les déjections humaines. On y manque de plâtre. L'engrais produit à la ferme consiste en partie en fumier liquide des étables, auquel on mêle les tourteaux et les excréments humains. Ce fumier liquide alterne tous les ans avec le fumier solide, et même on les emploie quelquefois simultanément. Les céréales, le lin et le trèfle, toutes plantes qui ne permettent pas de culture à la houe, se succédant sans interruption, un sarclage continuel est indispensable. Comme la jachère morte y est inconnue, les pommes de terre sont pour ainsi dire la seule production qui procure aux champs les bénéfices d'une culture à la houe.

» Rien ne prouve davantage que l'industrie agricole d'une contrée a atteint un point élevé de perfection, que la facilité et la liberté de sa marche; tandis que sa languissante et monotone uniformité est une preuve de la routine aveugle à laquelle elle est soumise. Lorsque le sol, le climat, la position et toutes les autres circonstances influentes diffèrent tellement, non-seulement de contrée à contrée, mais d'un village et même d'une ferme à une autre, comment adopter une règle générale pour tous? Ce qui distingue principalement le système d'assolement du système triennal, c'est la liberté qu'il donne de se conformer aux circonstances. Mais ce système lui-même perd une partie de ses avantages lorsqu'il est renfermé dans des limites trop étroites. Que l'on parcoure la Flandre, le pays de Clèves, les provinces rhénanes, le Palatinat et l'Alsace où l'agriculture a atteint un si haut point de perfection, on verra que les assolements de ces divers pays ne sont point partout uniformes, et que même ceux qui s'y trouvent prédominants ne sont pas adoptés dans toutes les localités.

» Quelle différence entre cette précieuse liberté et la tyrannie du système triennal, qui place chaque sol et chaque position dans la même catégorie, qui réclame du faible autant que du fort, et qui ne rend pas plus à celui-là qu'à celui-ci ! Le Belge ne s'attache pas aveuglément à la succession rigoureuse des récoltes, ni du système triennal, ni du système alterne, mais il les fait entrer tous deux dans son assolement, à condition qu'ils ne troubleront pas la liberté de sa marche. »

Ces paroles, marquées du cachet de l'observateur judicieux, sont l'éloge le plus flatteur que l'on puisse faire à l'adresse du cultivateur flamand. Elles rappellent au producteur de tabac qui ne fait pas succéder cette récolte, à elle-même qu'il n'observe aucune règle fixe dans la composition, eu égard à la durée, de ses rotations, sauf celle qui se rattache à la succession des plantes, autant que possible choisies dans des familles différentes. Aussi le tabac entre-t-il tantôt dans des rotations de courte durée, d'autres fois dans des rotations de longue durée : mais ce qu'il ne néglige pas, c'est que le tabac ait pour précédent une céréale ou une oléagineuse, pour pouvoir donner au sol, en temps utile, avant l'hiver, une forte fumure d'engrais solides ou liquides, selon la nature du terrain.

Les cultivateurs des provinces belges où l'on s'adonne particulièrement à cette culture, qui sont la Flandre orientale, cantons de Grammont et de Ninove, et la Flandre occidentale, canton de Wervicq, n'ont pas d'autre ligne de conduite. Elle est d'ailleurs, presque généralement adoptée dans tout le pays.

En Hollande, aussi bien dans la province d'Utrecht que dans la province de Gueldre, le tabac se succède assez généralement à lui-même. Cependant quelques cultivateurs sont disposés à croire qu'il est préférable de le laisser succéder au colza ; ils lui laissent alors suivre le seigle et les betteraves.

## CHAPITRE VII.

### Des engrais.

De toutes les plantes commerciales, ainsi que nous l'avons déjà dit, il n'en est pas, sans même en excepter le lin, sur lesquelles la nature des engrais exerce une plus grande influence sur la qualité du produit que sur le tabac.

C'est pourquoi il importe de se bien pénétrer que certains engrais qui portent le rendement au maximum ne doivent être employés que dans certaines circonstances. Ainsi, lorsqu'on destine la plante à servir à la fabrication de la poudre, on peut prodiguer les engrais les plus actifs. Lorsqu'au contraire le tabac est destiné à être fumé, on doit savoir faire un choix judicieux; car certains de ces engrais communiquent au produit une âcreté et une odeur qui les rendent impropres à cet usage; et même il arrive qu'il ne brûle pas.

On n'attribue pas uniquement la supériorité des tabacs américains au climat, mais en partie aussi au mode de culture : ils sont cultivés sans engrais sur les terrains vierges chargés d'humus des forêts défrichées et le longs des rivières où se trouvent des terres formées de dépôts d'alluvions entrainées par les eaux pluviales, très-riches en potasse. S'il était possible, dans les contrées moins favorisées par le climat, de récolter des qualités supérieures comme aux États-Unis, les producteurs feraient volontiers le sacrifice de la moitié du produit en faveur de la qualité, vu que la valeur vénale n'en aurait fait qu'augmenter. Mais malheureusement il n'en est pas ainsi, et tout en employant et prodiguant même les engrais qui paraissent les plus propres au tabac, il ne gagnent que des produits de qualité ordinaire qui devient cependant très-bonne dans les années chaudes et favorables.

Au milieu de ces difficultés, ils doivent donc, pour rendre leur tabac aussi bon que possible et atténuer les causes malfaisantes qui l'entourent sous les climats du Nord, tourner leurs regards vers le sol et les engrais.

Nous avons déjà vu les influences du sol ; examinons maintenant les engrais et leur mode d'emploi.

Un botaniste distingué apprécie ainsi les effets des engrais :

« Le tabac contient dans son tissu cellulaire deux substances distinctes : l'une est le principe narcotique, le même qui occasionne des nausées à ceux qui ne sont pas encore habitués à l'usage du tabac ; l'autre est une substance grasse et onctueuse qui suinte des poils glanduleux qui recouvrent les feuilles ; cette dernière rend le tabac gras et âcre.

» Moins un tabac contient de ces deux substances, plus doux, plus léger et plus agréable il est.

» Il n'est pas encore décidé par quelles influences extérieures la quantité du principe narcotique est augmentée ou diminuée dans le tabac; mais il est bien constaté que c'est la mauvaise qualité du terrain et les engrais contraires qui sont la cause de son âcreté. Nous avons dit plus haut que dans les terres fortes, humides et froides, le tabac contracte un goût fort et âcre; le même inconvénient est causé par les fumiers animaux qui n'ont pas été bien préparés. Ces derniers contiennent, comme on sait, beaucoup de substance azotée ou animale; cette substance est à peu près détruite à mesure que ces fumiers se décomposent et à mesure qu'ils se transforment en acide humique ou terreau; d'un autre côté, le principe narcotique du tabac contient aussi de l'azote, qu'il puise dans le sol; il est donc évident que plus le sol est riche en substance azotée, ou, en d'autres termes, plus il contient de fumier animal indécomposé, plus fort et plus âcre y deviendra le tabac. On objectera peut-être que les choux, les laitues et autres plantes potagères, auxquelles nous consacrons toujours une très-grande quantité de fumier animal, ne deviennent pas forts et narcotiques? A cela nous répondrons que chaque plante a une nature particulière, d'après laquelle elle possède des propriétés qui la distinguent de toutes les autres. Ainsi les plantes tinctoriales changent une partie de leur nourriture en principe colorant; les betteraves la changent en sucre, la chicorée en principe amer, etc., etc.; mais il faut que pour chaque plante la nourriture soit convenable, c'est-à-dire, il faut qu'elle soit appropriée à sa nature et au but que nous voulons obtenir; c'est ainsi que si nous voulions cultiver la betterave pour ses feuilles, une abondance de fumier animal serait convenable, mais elle serait nuisible si notre but était d'obtenir des racines sucrées; les raves se trouvent dans le même cas. Enfin, pour revenir à notre sujet, si dans la culture du tabac notre but est de gagner des plantes vigoureuses et des feuilles très-larges, nous pouvons lui donner de l'engrais animal de tous genres et même du très-frais; mais lorsqu'il s'agit d'obtenir un tabac de bonne qualité, de belle couleur, doux et d'une odeur agréable, on ne peut pas donner trop d'attention aux engrais. »

Ces considérations sont en harmonie avec les observations des expérimentateurs, mais ne s'accordent pas avec les raisonnements et les calculs sur le dosage de l'azote de M. le comte de Gasparin.

Les meilleurs engrais pour le tabac sont dans l'ordre de mérite :

1° Les composts; 2° les tourteaux de colza et autres matières végétales; 3° les immondices des rues, les boues, la vase des rivières et des jetées de mer; 4° les matières fécales fermentées; 5° le guano, la colombine et les fientes des autres volailles, plusieurs fois remaniés; 6° les poissons morts, etc.; 7° le fumier de porcs, de vaches et les fientes de moutons; 8° les engrais de ferme ou mélanges de fumier de cheval, de porc et de vache, etc. Comme surrogats, on a toutes les espèces de cendres.

1° *Des composts.* Ils se font avec toutes espèces de matières végétales et animales mises en tas et arrosées de temps à autre : c'est dire assez que les tiges de tabac peuvent aussi y servir. En France, on fait des composts dans lesquels il n'entre que des tiges de tabac et de la chaux. Voici comment on opère : on répand sur le sol une couche de tiges qu'on saupoudre de chaux, puis une couche semblable de tiges saupoudrées de la même manière, et ainsi du reste. Lorsque le tas est bien monté, on l'arrose abondamment, et on le recouvre de 27 centimètres (10 pouces) de terre. On comprend que cette masse entre bientôt en fermentation, le tissu organique se détruit et se convertit bientôt en un terreau excellent. (Joubert.)

2° *Des tourteaux*. Les tourteaux de colza et de cameline sont employés à l'état pulvérulent ou délayés dans l'urine de vache. On en emploie de 8,000 à 10,000 kilogrammes à l'hectare sur les terrains sablonneux comme sur les terrains plus ou moins compactes ; l'expérience a appris que plus on en met, meilleure et plus abondante est la récolte. Pour les sols sablonneux, on les délaie préalablement dans de l'eau de fumier, des urines de vache ou des vidanges ; dans les sols argilo-sablonneux, mieux vaut les répandre sous forme pulvérulente.

Les déjections des ruminants auxquels on dispense force tourteaux de lin sont aussi efficaces que les tourteaux employés en nature. Quand les cultivateurs généraliseront-ils cette pratique et pourront-ils se décider à les faire passer par le canal alimentaire du bétail avant de les employer à la fertilisation des terres ?

Les engrais végétaux proprement dits sont composés des plantes qu'on fait ramasser dans tous les endroits où elles croissent spontanément ; on se les procure sur place par le semis de diverses plantes qu'on choisit parmi celles qui soutirent à l'air la plus grande partie de leurs éléments nutritifs; en général, les espèces à croissance rapide conviennent à cet effet.

3° *Les immondices des rues, des villes, etc.*, conviennent dans tous les terrains, mais se montrent surtout efficaces dans les sols sablonneux : on les emploie à raison de 30 à 40 (24,000 à 32,000 kilogrammes) charges par hectare.

4° *Les matières fécales* sont presque toujours en mélange avec les urines ; on évitera autant que possible d'y ajouter l'urine de cheval ; on emploie 200 à 350 hectolitres à l'hectare, quelle que soit la nature du sol. Elles constituent un excellent engrais. Il paraît que le tabac qui a été arrosé avec des urines des vaches ne brûle que difficilement et en petillant.

5° *Le guano, la colombine, etc.* Le guano pur et la colombine qui renferment les déjections de toutes espèces d'oiseaux, sont des engrais extrêmement actifs et très-favorables au tabac. Si l'on emploie le guano après la plantation, on le répand autour des plantes à raison de trente à soixante grammes selon la richesse du terrain ; si, au contraire, on le dépose dans le sol avant la plantation, on le répand en lignes, de façon à ce qu'il se trouve aux endroits que les plantes occuperont plus tard. C'est une matière qu'on ne peut gaspiller, vu sa cherté et la courte durée de son action, qui ne dépasse guère huit à neuf mois. On réduit en poudre la colombine, de même que le guano, et on y mêle quelquefois de la paille ; comme la dose employée est ordinairement assez forte, cette précaution est indispensable ; sans cela on risquerait de voir périr les plantes pendant les longues sécheresses de l'été. On met de 15 à 20 voitures de colombine à l'hectare (12,000 à 20,000 kilogrammes).

6° *Les poissons morts et autres débris animaux.* Les poissons morts, les harengs qu'on pêche souvent en énormes quantités ou que les marées rejettent, les moules et les coquillages qui contiennent une forte proportion de gélatine animale, sont de très-bons engrais, surtout dans les terres compactes, quoiqu'ils ne puissent être dédaignés dans les sols légers. En 1824, année où la pêche du hareng avait été prodigieuse, un cultivateur de Nykerk s'en servit pour l'engraissement de son tabac et obtint un succès qui excita l'admiration de tous les fermiers, car ils affluaient de trois lieues à la ronde pour visiter ses plantations.

7° Parmi les engrais de ferme employés seuls, le *fumier de porc*, d'ailleurs si peu estimé, occupe le premier rang et paraît donner au tabac un goût agréable. A côté de lui et presque sur la même ligne doit figurer le *fumier de mouton ;* il active singulièrement sa végétation. Vient en troisième lieu, d'après les observations que nous avons recueillies, le *fumier de vache* qui donne au produit un bon goût et est aussi favorable à son développement ; Schwerz place le fumier de vache au premier rang. Le *fumier de cheval* est le moins estimé quand il est frais et il influe en mal sur la qualité.

8° *Les mélanges de fumier* désignés sous le nom d'*engrais de ferme*, appliqués frais, de même que les précédents, sont toujours nuisibles, à moins qu'on ne les enfouisse avant l'hiver ; fermentés et réduits en une masse grasse, noire, onctueuse, butyreuse, ils favorisent beaucoup le développement du tabac qu'ils améliorent.

En terre forte on ne saurait employer assez d'engrais ; mais plus les engrais sont frais, moins la récolte sera recherchée et plus le tabac sera sujet à mûrir prématurément.

En terre légère il faut plus de prudence, engraisser avec moins de prodigalité, mais plus souvent et de très-bonne heure. Si l'on n'observe pas ce précepte, on court le risque, pendant les sécheresses, de voir la plantation dépérir ou jaunir avant le temps.

Peut-on admettre avec l'illustre comte de Gasparin que les engrais de ferme sont insuffisants pour fournir au tabac les matériaux nutritifs nécessaires à son complet développement? Des doutes sérieux s'élèvent dans notre esprit à cet égard, d'autant plus que l'expérience journalière y donne un démenti matériel. En effet, ne sait-on pas que dans les sols les plus fertiles capables de produire de très-beaux tabacs sans aucune espèce d'engrais, les fumiers longs, sans doute plus azotés que les fumiers décomposés, amènent le jaunissement prématuré. Cependant M. de Gasparin n'est-il pas tenté de l'attribuer à un manque d'azote? Cette observation soulève naturellement ces deux questions : est-ce à cause du fumier trop frais ou bien est-ce parcequ'il ne contient pas assez d'éléments azotés? L'observateur met avec raison ce dépérissement à charge des propriétés particulières du fumier. C'est ce que le raisonnement justifie. En effet, puisque le tabac, sans addition supplémentaire d'engrais quelconque, peut prendre un grand développement, peut-on l'accuser comme la cause du jaunissement, alors que ce jaunissement est considéré comme le résultat d'un manque d'azote dans le fumier? Ne serait-ce pas plutôt parce qu'ils contiennent des principes contraires à sa végétation? Ce serait vouloir nier sciemment l'évidence que de s'arrêter à la première thèse, alors qu'il est établi par des faits nombreux que le fumier frais provoque souvent la maturité anticipée; et ensuite on ne perdra pas de vue que ce fumier, lorsqu'il se sera décomposé, soit dans le sol soit en tas et enfoui ensuite, peut donner lieu l'année suivante à une végétation vigoureuse et luxuriante. Et dira-t-on pour obtenir gain de cause que les engrais enfouis pendant leur décomposition, se sont assimilés l'azote? Cette supposition serait ridicule, car il ne peut y avoir que perte au lieu d'augmentation à constater.

Si l'on examine de près l'emploi des engrais dans la culture du tabac, on acquiert la conviction que l'azote ne peut point servir de point de départ pour déterminer leur valeur au point de vue du développement et des qualités de cette plante. Personne ne conteste la supériorité de certains tabacs américains; cette supériorité, de l'avis des praticiens les plus éclairés, doit-être imputée à ce qu'ils sont cultivés sans engrais sur des terres chargées d'humus. Or, qui trouvera là un fort dosage d'azote? On peut tout au plus soutenir sans craindre d'être contredit que les engrais contenant de l'ammoniaque presque libre, employés à petite dose, sont un excellent stimulant de la végétation, donnent de l'ampleur aux organes sans porter une atteinte sensible à la qualité, tandis qu'à dose élevée, les fumiers frais exposent la culture à être frappée de maturité anticipée pendant les sécheresses, et de la rouille par un temps humide : s'il résiste, le tabac peut donner un produit élevé, mais qui sera âcre et caustique.

Quoi qu'il en soit, nous croyons devoir reproduire le passage du comte de Gasparin relatif à ce point : « C'est donc un engrais beaucoup plus azoté que celui de ferme qu'il faudra donner à la plante, si l'on ne veut lui fournir en surabondance les autres éléments qui entrent dans sa composition, puisque le fumier de ferme contient plus d'alcalis fixes que d'azote.

» Dans le département du Nord le produit est de 2,400 kil. de feuilles à l'état normal, qui nous donnent 1,036 kil. à l'état sec dosant 63k36 d'azote (1). On emploie la fumure suivante :

| | | Kilogr. d'azote. |
|---|---|---|
| » 3,300 | kilogr. de fumier de ferme dosant . | 13,20 |
| 200 | tonnes d'engrais liquide de 125 kil. chacune dosant . . . . . . . . . . | 51,25 |
| 6,600 | tourteaux (7,128 kil.). . . . . . . . | 350,00 |
| | | 414,45 |

» Ainsi l'aliquote prise par le tabac est $\frac{63,36}{414,45} = 0,15$

» En Belgique on récolte jusqu'à 5,830 kil. de tabac à l'état normal, qui, avec les tiges réunies, se réduisent à 1,683 kil. de matières sèches dosant 100k98 d'azote. On fume de la manière suivante :

(1) Enquête des tabacs, p. 12.

| | Kilogr. d'azote. |
|---|---|
| » 66 voitures de fumier (51,000 kil.) donnant. | 204 |
| 8,400 kilogr. de tourteaux . . . . . . . . . . . | 413 |
| TOTAL. . . . | 617 |

» L'aliquote de l'engrais pris par le tabac est de :

$$\frac{100,98}{617} = 0,16$$

» A Cahors, on récolte 900 kilogr. de feuilles à l'état normal donnant à l'état sec 596 kilogr. de matières dosant 23k76 d'azote. On fume ainsi qu'il suit :

» 48,000 kil. de fumier dosant . . . 192 kil. d'azote.

» L'aliquote d'azote pris par la plante est donc de :

$$\frac{23,76}{192} = 0,129 \text{ (1)}.$$

» Il apparaît de tous ces calculs que le tabac dans les terres fumées avec des engrais riches ne prend que les 0.15 de son azote, et seulement 0.13 quand les engrais sont d'une décomposition plus difficile. Cela explique pourquoi Albroëck recommande d'être très-économe de fumier d'étable, non-seulement, comme il le dit, parce que les engrais hâtent trop la maturité, mais parce que le tabac n'y trouve pas une nourriture suffisamment préparée; comment les récoltes qui succèdent à celles du tabac sont si belles, et enfin pourquoi le tabac peut se succéder indéfiniment à lui-même sur le même terrain, puis que, après la récolte, il reste encore une si grande masse d'engrais, qui avec

(1) Enquête des tabacs.

| NUMÉROS D'ORDRE. | VARIÉTÉS de TABAC. | MODE DE FUMURE par HECTARE. |
|---|---|---|
| 1 | Goundie. . . . . . . . . . . . . | 20,000 kil. en engrais de fe |
| 2 | Idem . . . . . . . . . . . . | » + 400 kilogr. de gua |
| 3 | Idem . . . . . . . . . . . . | » +1200 kil. tourteaux d |
| 4 | Maryland (graine américaine). | » . . . . . . . . . . . . |
| 5 | Idem . . . . . . . . . . . | » + 400 kil. de guano |
| 6 | Idem . . . . . . . . . . . . | » +1200 kil. tourteaux d |
| 7 | Maryland (graine récoltée dans le pays). . . . . . . . . . . . | » . . . . . . . . . . . . |
| 8 | Idem . . . . . . . . . . . . | » + 400 kil. de guano |
| 9 | Idem . . . . . . . . . . . . | » +1200 kil. tourteaux d |
| 10 | Amersfort. . . . . . . . . . . | » . . . . . . . . . . . . |
| 11 | Idem . . . . . . . . . . . . | » + 400 kil. de guano |
| 12 | Idem . . . . . . . . . . . . | » +1200 kil tourteaux d |
| 13 | Havane . . . . . . . . . . . . | » . . . . . . . . . . . . |
| 14 | Idem . . . . . . . . . . . . | » + 400 kil. de guano |
| 15 | Idem . . . . . . . . . . . . | » +1200 kil. tourteaux d |
| 16 | Cuba . . . . . . . . . . . . . | » . . . . . . . . . . . . |
| 17 | Idem . . . . . . . . . . . . | » + 400 kil. de guano . |
| 18 | Idem . . . . . . . . . . . . | » +1200 kil. tourteaux d |
| 19 | Porto-Rico. . . . . . . . . . . | » . . . . . . . . . . . . |
| 20 | Idem . . . . . . . . . . . . | » + 400 kil. de guano . |
| 21 | Idem . . . . . . . . . . . . | » +1200 kil. tourteaux d |
| 22 | Ohio. . . . . . . . . . . . . . | » . . . . . . . . . . . . |
| 23 | Idem . . . . . . . . . . . . | » + 400 kil. de guano . |
| 24 | Idem . . . . . . . . . . . . | » +1200 kil. tourteaux d |
| 25 | Valparaiso. . . . . . . . . . . | » . . . . . . . . . . . . |
| 26 | Idem . . . . . . . . . . . . | » + 400 kil. de guano . |
| 27 | Idem . . . . . . . . . . . . | » +1200 kil. tourteaux d |
| 28 | Brésil . . . . . . . . . . . . | » . . . . . . . . . . . . |
| 29 | Idem . . . . . . . . . . . . | » + 400 kil. de guano . |
| 30 | Idem . . . . . . . . . . . . | » +1200 kil. tourteaux d |
| 31 | Salonique . . . . . . . . . . . | » . . . . . . . . . . . . |
| 32 | Idem . . . . . . . . . . . . | » + 400 kil. de guano . |
| 33 | Idem . . . . . . . . . . . . | » +1200 kil. tourteaux d |

| OQUE e la OLTE. | RENDEMENT par hectare en FEUILLES VERTES. | OBSERVATIONS et PRODUIT MOYEN. |
|---|---|---|
| ptembre. | 21,600 | |
| Idem. | 21,600 | 21,360, sec 7.440 = 1 : 5. 7. |
| Idem. | 20,880 | |
| ptembre. | 24,760 | |
| Idem. | 18,000 | 20.733, sec 4.080 = 1 : 5. 1. |
| Idem. | 19,440 | |
| ptembre. | 22,680 | Les côtes ou nervures plus grosses que les années précédentes ; feuilles plus étroites et pointues, etc. ; dégénéré depuis 1851. 24,066. |
| Idem. | 24,400 | |
| Idem. | 25,120 | |
| ptembre. | 24,220 | |
| Idem. | 31,680 | 26,886, sec 4,080 = 1 : 5. 6. |
| Idem. | 24,760 | |
| ptembre. | 21,420 | |
| Idem. | 22,536 | 21,174, sec 5,840 = 1 : 5. 6. |
| Idem. | 19,568 | |
| ptembre. | 10,368 | Fut très-atteint de rouille, 11,586 ; sec 2,520 = 1 : 4. 6. |
| Idem. | 11,844 | |
| Idem. | 12,528 | |
| ptembre. | 15,120 | |
| Idem. | 15,840 | 15,360. |
| Idem. | 15,120 | |
| ptembre. | 24,400 | |
| Idem. | 28,960 | 27,866 ; sec 5,280 = 1 : 5. 4 |
| Idem. | 30,240 | |
| ptembre. | 15,480 | |
| Idem. | 26,280 | 21,240. |
| Idem. | 21,960 | |
| ptembre. | 14,400 | |
| Idem. | 15,880 | 15,133 |
| Idem. | 15,120 | |
| ptembre. | 14,400 | |
| Idem. | 14,760 | 15,360. |
| Idem. | 16,920 | |

le temps se désagrége de plus en plus, et qu'il suffirait d'en ajouter chaque année une dose du cinquième ou sixième de la quantité primitive pour maintenir le terrain dans un état permanent de fertilité, pourvu que cet engrais eût été bien préparé pour éviter la déperdition de l'ammoniaque. »

On s'est livré à quelques expériences comparatives sur l'emploi de divers engrais. Comme ces recherches présentent de l'intérêt, nous en donnons le résumé (*Extrait du Landw. centralb*, année 1854) dans le tableau ci-contre; il est inutile de le faire suivre d'explications : un simple coup-d'œil suffira pour en comprendre tous les détails : nous laissons aussi au lecteur le soin d'en tirer des conclusions. La plantation a été faite le 24 mai, après le colza.

# CHAPITRE VIII.

## Préparation du sol.

Les préparations du sol sont d'une grande importance dans la culture du tabac; elles suppléent en partie, dans les climats qui lui sont peu favorables, aux circonstances climatériques des pays chauds.

On sait qu'un sol bien ameubli, rendu perméable aux eaux pluviales, conservant par conséquent mieux son humidité et se laissant aussi plus facilement pénétrer par les rayons calorifiques, permet aux racines de s'étendre librement; dès lors la plante résiste mieux aux sécheresses, prend plus de développement, parce qu'elle trouve plus de nourriture à s'approprier, et gagne plus de qualités par l'absorption de la chaleur souterraine.

C'est pour ces raisons que l'on donne au sol destiné au tabac des façons multipliées.

Ces opérations, comme dans toutes les autres cultures, qui doivent ameublir des sols argilo-sablonneux, sablo-argileux et calcaires, doivent se faire plus tôt que dans les sols légers sablonneux.

Pour les premiers, il est indispensable de commencer les labours avant l'hiver et de les répéter en hiver et au printemps.

Dans les sols légers sablonneux, on peut les différer jusqu'au printemps, si l'on dispose d'engrais consommés et humeux.

Ces labours peuvent se faire à la charrue, mais mieux vaut les exécuter à la bêche. Si ce n'était le nombre de bras qui fait défaut, cette méthode serait universellement adoptée, et l'on s'en trouverait bien ; car on est d'accord à considérer un labour fait à la bêche comme au moins égal à deux labours faits à la charrue.

En terre argilo-sablonneuse ou de nature calcaire (terre marneuse, marne, etc.), dès que la récolte à laquelle le tabac doit succéder est enlevée, on donne un léger labour de 7 à 9 centimètres de profondeur, et on laisse le champ se reposer jusqu'en novembre. Alors, si l'on n'a pas d'engrais de ferme bien décomposés, on y amène, selon ce dont on dispose, de 60 à 75 charges (48,000 à 60,000 kilogrammes) qu'on enfouit par un labour de 15 à 17 centimètres ; celui qui contient le plus d'excréments de porc et de mouton est toujours le plus recherché à cause de ses propriétés particulières. De cette façon, les engrais ont le temps de se décomposer jusqu'en février ou mars. On peut aussi reculer l'époque de la fumure jusqu'alors, mais dans ce cas il est indispensable d'avoir des engrais très-décomposés, réduits en quelque sorte à du beurre noir, qu'on répand aussi uniformément que possible ; à cet effet, on a recours aux labours croisés.

Dès le mois de février, si le temps le permet et que le terrain soit accessible aux attelages, on donne un troisième labour de 15 à 17 centimètres, afin de mieux mélanger les engrais avec sol. Cinq à six semaines plus tard, on donne le quatrième labour à 10 centimètres de profondeur seulement, afin de ne pas ramener les engrais à la surface. Ce labour étant exécuté avec tous les soins possibles, on éparpille 3,500 à 4,700 kilogrammes de tourteaux de colza en poudre et l'on donne un hersage vigoureux qui est suivi d'un labour de 8 à 10 centimètres, par lequel on enterre les engrais pulvérulents.

Dans les terres sablonneuses, on diminue le dosage des engrais de ferme, mais on double ou on triple celui des tourteaux, car on ne saurait en employer trop. Si on emploie la même quantité d'engrais de ferme, on hâte trop la maturité du tabac pendant les étés chauds et secs.

Vers la mi-mai, on prend 3,500 à 4,700 kilogrammes de tourteaux de colza, que l'on fait macérer dans de la vidange ou de l'urine de vache ou de l'eau croupissante jusqu'à putréfaction, et l'on en arrose les champs. Après cet arrosage, on laboure de nouveau à 8 à 10 centimètres de profondeur.

Une remarque que nous ne pouvons passer sous silence, c'est qu'il importe dans l'intérêt de la plantation future, de ne pas délayer les tourteaux dans l'urine de cheval, car le produit en contracte un goût âcre et caustique, ce qui le fait détester des marchands et des consommateurs.

Si l'on dispose de gadoues ou de vidanges des latrines, au lieu de faire macérer les tourteaux dans de l'urine de vache ou de l'eau, on s'y prend de la manière suivante :

Trois semaines avant la plantation, on répand de 3,800 à 4,800 kilogrammes de tourteaux en poudre et l'on arrose ensuite le champ avec 325 à 360 hectolitres de vidanges, pures ou mêlées d'eau, selon le degré de concentration du liquide. Lorsque l'engrais a pénétré dans le sol, on donne encore un labour de 7 à 9 centimètres de profondeur; enfin, la veille ou l'avant-veille de la plantation, on donne le dernier labour et l'on y fait passer la herse jusqu'à ce que le champ soit uni et que la terre soit bien pulvérisée. Cette préparation du sol est très-bonne.

Quant aux terres sablonneuses qu'on n'a pu fumer avant l'hiver, on se comporte dans la préparation du sol comme pour les terres argilo-sablonneuses, sauf l'époque de la fumure qui est bien plus tardive.

Dans le canton de Grammont, arrondissement d'Alost, le champ est mis en buttes ou billons (balken) élevés de douze à dix sept centimètres et larges de vingt à trente centimètres ; la crête ou dos des buttes est éloigné de sa voisine de 30 à 35 centimètres. Tantôt on laboure et on engraisse avant l'hiver, tantôt en mars, ce qui est le plus ordinaire ; outre l'engrais de ferme, on prodigue les vidanges et les urines.

Tels sont les meilleurs modes de préparation du sol qui sont suivis en Belgique.

Passons maintenant en revue les modes usités dans d'autres pays.

1° *Hollande*. Dans la province d'Utrecht, aux environs d'Amersfort, le terrain est mis en billons ou planches élevées ayant de 55 à 70 centimètres de largeur, dirigées du nord au sud ; l'élévation des billons ou planches varie selon que le terrain est plus ou moins humide. En moyenne, ils ont en largeur 66 centimètres, en élévation 16 à 21 centimètres.

Les sillons ou rigoles qui les séparent et qui servent plus tard de sentiers, ont en largeur, en haut, 16 à 21 centimètres, et en bas, 81 centimètres.

Les labours se font à la charrue ou à la bêche. Lorsqu'on a ouvert un sillon, on y met 40 millimètres de fumier de mouton très-fin et très-mince, et par-dessus 16 centimètres de terre bien fumée, et ainsi de suite jusqu'à ce que la planche ou le billon ait la largeur et l'élévation indiquées plus haut. Le tabac se succède en général plusieurs années de suite.

La province de Gueldre produit aussi du tabac très estimé; il y vient surtout bien dans les terrains sablonneux, quoiqu'il donne aussi un bon rendement dans les terres argilo-sablonneuses, fortement fumées. Les plantes y deviennent moins élevées, et les feuilles sont plus rapprochées que dans les terres sablonneuses; ils sont d'un vert plus pâle et la qualité est plus douce.

A Nykerke, après la cueillette des feuilles, on arrache les tiges qu'on laisse sur le champ, puis on les recouvre d'une couche de terre extraite des sillons, tant pour empêcher qu'elles ne gèlent que pour hâter leur décomposition et détruire les mauvaises herbes. Ces tiges, encore vertes, entrent en putréfaction et fournissent un engrais très-actif pour les récoltes suivantes. Le champ reste dans cet état jusque vers la mi-mars ; alors, avec des tridents recourbés, on jette les tiges dans les sillons ; puis on égalise le terrain et on le fume ; on dispose le fumier en lignes suivant la direction des sentiers-sillons de l'année précédente et où viendront cette année les billons. Ces billons ont une élévation de 34 à 52 centimètres, et une largeur de 40 à 47 centimètres.

A Veluwenzoom on enfouit les tiges immédiatement après la récolte par un labour de 12 à 14 centimètres de profondeur.

Les billons sont beaucoup moins élevés, et deviennent quelquefois de larges planches à peine bombées. On emploie ordinairement, dans l'engraissement du sol, du fumier de mouton décomposé à raison de 24,000 kilogrammes à l'hectare : on se sert aussi de colombine, et à proximité des villes on répand des boues de rues.

2° *France.* Dans les départements du nord comme dans ceux du midi, les terres sont en général traitées de la manière suivante. Les terres sablonneuses et humeuses ne sont labourées qu'au printemps. Les terres franches et crayeuses reçoivent seules un labour en automne. Vers le mois de février, on donne un deuxième labour à angle droit ou labour croisé suivi d'un hersage énergique. Ensuite on les traite comme les champs sablonneux.

Les terres sablonneuses et humeuses se préparent vers le mois de février. Après le premier labour on amène le fumier qu'on étend le plus également possible, puis on l'enfouit par un second labour, qui est suivi d'un hersage, à la herse à dents de fer, de façon à bien pulvériser les mottes. Cette opération terminée, on recommence les labours que l'on répète à diverses reprises, à des intervalles plus ou moins rapprochés, selon que le sol est plus ou moins facile à rompre et à ameublir. Toutefois le dernier labour qui se fait la veille ou le jour même de la plantation, est terminé par deux façons vigoureuses à la herse. Ce mode est généralement pratiqué en France. Dans quelques localités où la culture est plus perfectionnée, on se conduit comme suit :

» Dans l'automne qui précède la plantation, on répand sur le terrain tout le fumier de litière qu'on lui destine et on l'enterre par un trait de charrue à 0m.16 à 0m.18 de profondeur. A la sortie de l'hiver on donne un nouveau labour à la même profondeur pour mêler le fumier à la terre ; on roule et on herse pour briser les mottes. A l'approche du moment de la plantation, on répand des engrais riches, les tourteaux, la poudrette, les engrais flamands, de manière à compléter la quantité de 617 kilogrammes d'azote pour obtenir 3.850 kilogr. de tabac ; on les enterre par un labour à 0m.8, à 0m.10 ; on le fait suivre d'un hersage double. On enraie ensuite la terre à la distance où l'on veut placer les plantes (1). »

5° *Allemagne.* L'illustre Schwerz s'exprime ainsi : « Il faut donner au moins trois labours avant la plantation du tabac. Comme il aime un terrain frais, on ne pourrait, en supposant un bon sous-sol, labourer assez profond, et un sol aussi pulvérisé que possible lui étant indispensable, on ne doit épargner ni la herse ni le rouleau. Lorsque le champ a encore trois labours

(1) Gasparin. *Cours d'agriculture.* Paris, 1848, t. IV, p. 311.

à recevoir, on amène le fumier : le premier labour l'enterre, le deuxième le ramène presque à la surface, et le troisième l'enfouit plus profondément que le premier, en le mélangeant au sol, et de forts hersages sont aussi utiles au tabac que les labours et les engrais vigoureux. »

4° *Amérique.* Aux États-Unis, le terrain est labouré à la charrue ou à la bêche et rendu aussi meuble qu'on le peut. La récolte est presque assurée si le terrain est exposé au midi en pente douce, abrité des vents du nord et du nord-est : on le partage en planches d'un demi-mètre de largeur, distancées d'un mètre les unes des autres et parallèles.

Dans les terres vierges on n'emploie aucune espèce d'engrais; dans les sols qui ont produit un certain nombre de récoltes, on met du terreau, de la colombine et des engrais de fermes bien décomposés.

Au Pérou on n'emploie que du guano.

# CHAPITRE IX.

## Préparation du sol des pépinières.

On ne peut se livrer à la culture du tabac si l'on ne dispose pas d'un espace de terrain plus ou moins étendu pour y élever les replants : cet espace s'appelle *pépinière.* La pépinière est *libre* quand elle est établie sur un terrain bien préparé ; elle est dite *forcée* quand une couche de fumier en forme la base ; on la désigne ordinairement sous le nom de couche.

En Belgique la pépinière libre est presque la seule en usage : on choisit un terrain fertile, à bonne exposition chaude, derrière une maison ou une grange, ou dans un potager entouré de haies.

On bêche le sol et on le herse à diverses reprises pour le bien ameublir et le pulvériser : on lui donne un quart à un tiers de plus d'engrais, consistant en gadoue ou vidanges, urines de vaches et tourteaux de colza, qu'au champ réservé pour la plantation du tabac.

Dans quelques localités de la Belgique, on a recours

à la pépinière forcée : on creuse une fosse de deux pieds environ de largeur sur une longueur indéterminée, dont les faces sont garnies de quatre planches qu'on fixe à l'aide de piquets : on la remplit de fumier de cheval un peu long qu'on divise à la fourche et qu'on piétine. Après cela on y met une couche de 15 à 20 centimètres de terre mélangée avec du terreau. On donne à cette pépinière une légère pente vers le midi.

En Hollande, province de Gueldre, on suit à peu près les mêmes procédés qu'en Belgique, sauf que les pépinières forcées sont renfermées dans une caisse en bois et recouvertes d'un châssis en vitraux de papier huilé.

Dans la province d'Utrecht, aux environs d'Amersfort, les pépinières sont établies sur couche. Voici comment on les construit : on creuse une fosse de 30 à 35 centimètres de profondeur qu'on entoure d'un cadre en bois, s'élevant de 15 à 17 centimètres au-dessus du sol, et large seulement d'un mètre et demi à deux mètres, pour faciliter les sarclages ; on donne au cadre comme à la couche une légère inclinaison du côté du soleil. On remplit cette fosse de fumier bien tassé, ensuite on recouvre le fumier de cinq à huit centimètres de terre humeuse, ou bien de terre prise dans le champ même destiné à la plantation ; on a soin de tamiser cette terre, afin de la rendre aussi fine que possible. On soustrait la pépinière aux vicissitudes climatériques, en la recouvrant d'un châssis à vitraux de papier chargé d'huile tenant une petite quantité de litharge en suspension.

En Allemagne on fait comme en Belgique ; et en

Prusse, pays de Clèves, on prend les mêmes soins qu'en Hollande.

Dans le midi de la France on choisit un terrain abrité des vents ; on le divise en plates-bandes séparées par des intervalles ou sentiers pour que la main puisse atteindre partout, lors des sarclages, sans fouler la pépinière.

Dans le nord on établit les pépinières sur couches pour avoir des plantes plus précoces. M. Joubert les fait connaître en ces termes : « Chacune de ces couches ne devra pas avoir plus d'un mètre (3 pieds) de large, de manière à faciliter les travaux que nécessite la germination du tabac.

» Les couches à tabac se font avec un bon fumier de cheval qui doit avoir l'apparence d'une bonne litière plutôt que d'un fumier trop pourri. On l'étend par lits en ayant soin de bien torchonner les bords, de manière à ce que la couche ait plus de solidité. On l'élève ordinairement à la hauteur de 1 mètre (3 pieds) et on lui donne la longueur convenable, on l'arrose fortement. Au bout de huit jours cette couche doit être réduite de moitié.

» Aussitôt la couche terminée, on la couvre de 22 centimètres (8 pouces) de bonne terre de jardin mélangée avec la moitié de terreau, le tout passé à la claie, afin que le mélange s'effectue mieux et que la terre soit parfaitement délitée. En outre, pour éviter le ravage des mulots, rats et autres animaux, il est urgent d'entourer la couche de fortes planches. Si pendant le cours des opérations qui se font sur la couche, cette dernière venait à trop se refroidir, ou bien si l'atmosphère venait à tromper les calculs du cultivateur, on pourrait y remédier en établissant, le long de la couche, des réchauds de fumier litière, qui, bien tassé et bien mouillé, donnerait à la couche une nouvelle chaleur.

» En outre, comme le tabac est une plante très-exposée aux gelées, celui qui sera chargé du soin de la couche, devra avoir l'attention de planter, sur le milieu, des piquets de distance en distance formant vers leur extrémité l'Y, de manière à pouvoir y adapter des tringles de bois de l'un à l'autre. Cette précaution devra servir à jeter, pendant les nuits froides, des paillassons sur le travers, de façon à préserver les jeunes germinations du contact des gelées blanches.

» Ces paillassons devront-être retirés tous les matins, à moins que la gelée ne continue que peu dans le jour, ou bien que l'atmosphère soit chargée de brouillards épais. »

En Amérique on suit les procédés qui sont employés en Belgique et en Hollande.

Pour laisser prendre aux replants de la couche un degré suffisant de force et de vigueur, il convient de les espacer de 3 à 4 centimètres, de sorte qu'il faudrait à peu près trente-neuf mètres carrés de pépinières pour obtenir les plants nécessaires à la plantation d'un hectare, à raison de 33,000 plantes à l'hectare. Il en est qui obtiennent le même nombre de plantes en plantant sur moins de dix mètres d'espace.

# CHAPITRE X.

## Du semis.

Nous ne discuterons pas la question, relative à l'économie de semence que l'on peut réaliser par tel ou tel mode de semis, soulevée par certains agronomes mathématiciens : l'objet n'en vaut pas la peine : il est hors de doute que le semis ne peut pas bien se faire si l'on ne mêle pas la graine avec des matières étrangères pulvérulentes, vu sa ténuité : on aura une idée de la finesse de la semence quand on saura que dans une capsule subfusiforme de deux centimètres de long sur sept millimètres de large, l'immortel Linné a compté jusqu'à 40,520 graines. Un centimètre cube de graines bien développées et mûres en renferme 11,005 ; d'après cela, un seul litre en contiendrait 1,150,499.

On mélange la graine avec dix ou douze fois son volume de sable blanc ou de plâtre pour bien distinguer les places où la semence a été répandue.

Quand le semis se fait en plein air, on ne peut

l'effectuer que quand la température moyenne est à 6° au-dessus de zéro, c'est-à-dire, en Belgique, de la mi-mars à avril. Les semis sur couche se font plus tôt, souvent dès la mi-février.

On fait le semis à la main ou au tamis; après quoi on y passe un rateau, à dents courtes et rapprochées.

Immédiatement avant comme après le semis, on répand au tamis sur la pépinière un peu de cendre de bois et on arrose légèrement le sol avec un arrosoir, afin d'humecter la terre et d'y faire adhérer la graine.

Quand on veut faire le semis avec tous les soins désirables, on l'exécute ainsi : « Lorsque la couche est dressée et la veille du jour où les semis doivent commencer, on arrose à l'aide d'un arrosoir très-fin le terreau de la couche, de manière à ce que ce terreau, qui doit servir de lit aux graines, soit bien humecté. Le lendemain, deux ouvriers, l'un à droite, l'autre à gauche de la couche, nivellent le terreau à l'aide d'une planche qu'ils promènent sur toute sa longueur en le soulevant de place en place. Une fois ce premier travail terminé, on répand au crible, sur toute la surface du terreau, une légère couche de cendres qu'on aplanit de la même manière que le terreau, et qui en donnant une teinte grise à toute la surface, permet aux semeurs de distinguer la graine qui tombe. Cette cendre a encore l'avantage de chasser les pucerons, (puces de terre, Altise). Enfin, pour semer on emploie deux planches de 35 centimètres de largeur sur 1 mètre de longueur; on pose une des planches à 35 centimètres de distance de l'un des bouts de la couche, et on sème à l'aide d'un tamis contenant les graines et 9/10$^{mes}$ de sable sur la partie découverte, puis on lève la planche qu'on place sur la partie semée. On met la seconde planche à l'éloignement de 33 centimètres et l'on sème l'espace qui se trouve entre elles : on déplace la première qu'on reporte à 33 centimètres de distance de la seconde, et ainsi du reste.

Les résultats qu'on obtient, en semant de cette façon, dit M. Joubert qui a proposé et suivi ce procédé, sont vraiment extraordinaires, car la graine se trouve si également répandue, que l'on pourrait croire qu'elle a été elle-même repiquée sur la couche.

Aussitôt le semis terminé, on couvre la graine de 15 millimètres (1) de terreau très-fin; puis, à partir de ce moment, on arrose régulièrement tous les deux jours après le coucher du soleil, et avec une eau dans laquelle on a eu soin de faire détremper pendant 24 heures quelques brouettées de fumier. Le neuvième ou dixième jour, la couche se couvre de petites germinations qui doivent-être arrosées lorsque le terreau commence à sécher, car alors il ne faut pas trop activer la germination, dans la crainte que la plante ne fasse pas de racines et ne s'étiole.

Les pommes des arrosoirs qui servent à mouiller la couche, doivent-être à surface plane et percées de trous excessivement fins, de manière à ce que l'instrument ne *bave* pas et n'occasionne pas sur le terreau de la couche des trous qui anéantiraient les germinations naissantes.

Dès que la graine commence à germer, il est urgent, pour le bien-être du plant, de charger ce der-

(1) Cette couverture peut être réduite de moitié et même de plus.

nier d'une couche de terreau semblable à celle qui a été répandu sur la graine.

Quant au semis en plein air, en cas de jours ou de nuits froids, on couvre la pépinière de branchages, de fagots d'épines : les couches sont soustraites à l'influence néfaste de ces intempéries par des paillassons, des châssis vitrés, ou des châssis à vitraux en papier huilé, comme il a été dit plus haut. Pendant les jours sereins et doux, on doit les découvrir : l'air donne de la vigueur et de la force aux jeunes plantes; elles supporteront d'autant mieux le repiquage, qu'elles auront crû dans ces conditions. Le terreautage est une opération de haute importance pour la production des replants ; cependant beaucoup de cultivateurs la négligent encore.

Lorsque les plants ont acquis quelque force, on procède à l'éclaircissage, s'il y a lieu, et on détruit au fur et à mesure de leur apparition les herbes adventices.

# CHAPITRE XI.

## De la plantation ou du repiquage.

On ne peut procéder à la mise à demeure des plantes de tabac que lorsque la terre qui doit les recevoir a reçu tous les soins décrits ci-dessus.

Quant à l'époque de procéder au repiquage, l'expérience a démontré qu'en Belgique, en France, etc., on peut le commencer depuis la mi-mai et même quelques jours plutôt, mais pas la continuer jusqu'après la mi-juin.

Quand on le fait plutôt, on s'expose à voir quelques nuits froides détruire la plantation. Si on le fait après la mi-juin, les plantes acquièrent, dans des années favorables, une vigueur qui pourrait tromper les cultivateurs non expérimentés dans cette culture, mais le produit n'en est ni pesant ni de bonne qualité ; on remarque qu'il n'a ni consistance ni onctuosité, parce qu'il n'a pas atteint sa maturité, et que, malgré tous les soins imaginables qu'on peut donner aux plantes, les feuilles conservent une couleur verte que la fermentation est quelquefois impuissante à atténuer.

*Choix des plantes.* Les cultivateurs se méprennent dans le choix des plantes lorsqu'ils préfèrent les sujets munis de sept à huit feuilles ; car il est démontré par la théorie et l'expérience que la reprise en est plus difficile et que les feuilles qui se trouvent sur le plançon sont autant de feuilles qui n'acquièrent pas le plus grand développement dont elles sont capables. Mieux vaut infiniment choisir les plantes qui n'ont que quatre ou cinq feuilles ; d'abord la reprise en est plus facile, attendu que l'évaporation, qui est la cause primordiale du dépérissement des sujets repiqués, est beaucoup moins forte, toute proportion gardée, que dans les sujets à 7 ou 8 feuilles, et que les racines, organes absorbants, sont aussi plus développées dans les replants à 4 ou 5 feuilles que dans ceux qui ont 7 ou 8 feuilles ; et ensuite les feuilles du bas qui se développeront ultérieurement pouvant être en plus grande nombre, à raison de leur rapprochement, la plante donnera un plus grand rendement.

*De l'arrachage.* Avant de commencer l'arrachage des replants, on doit inspecter le sol, et, s'il est sec, on l'humecte préalablement ; ensuite on soulève les pieds à l'aide d'un long couteau que l'on glisse sous la pointe de la racine, et l'on imprime à celui-ci un mouvement de haut en bas. L'arrachage direct est mauvais ; non-seulement on s'expose à casser la racine principale, qui doit rester intacte, mais pendant cette manipulation on froisse aussi les feuilles, ce qui est une véritable détérioration des replants.

Lorsque les plantes sont arrachées, certains cultivateurs en font des bottes et les lient avec un lien d'osier : ce procédé est des plus défectueux. On doit, pour bien faire, les mettre dans des paniers ou corbeilles et procéder aussitôt que possible à la plantation pour que la reprise ne soit pas retardée. C'est pourquoi il importe que tout cultivateur qui se livre à la culture du tabac puisse lui-même gagner ses plants. Il n'arrive que trop souvent que, lorsqu'on est obligé d'acheter les plançons, il en est beaucoup qui ne reprennent pas parce qu'ils sont depuis trop long temps hors de terre et que les racines sont déjà flétries et quasi desséchées. Aussi, si l'on se les procure chez un pépiniériste, faut-il s'assurer par l'inspection des racines si elles sont gorgées de sucs et sans rides. L'opportunité d'élever soi-même ses plants ressortira encore davantage si l'on considère qu'en cas de dépérissement d'une partie de la plantation, on n'a pas à sa disposition le moyen de combler les vides, tandis que, lorsqu'on a une pépinière, on y conserve un certain nombre de plants convenablement espacés qui peuvent servir pour cette éventualité.

*Distance des plançons.*—Le tabac se met en ligne. Généralement on espace les lignes entre elles de 40 à 66 centimètres, et les plants dans les lignes de 56 à 45 centimètres. Cependant il en est aussi beaucoup qui rapprochent plus ces lignes entre elles, sous prétexte qu'en agissant ainsi, on empêche la prompte dessiccation du sol; d'autres plantent à une plus grande distance et prétendent que ces grands intervalles sont indispensables pour que les feuilles puissent prendre leur plus grand développement.

Le point essentiel qu'on ne peut perdre de vue,

c'est qu'il importe qu'on puisse soigner la plantation ; on doit en conséquence se ménager entre les plants une distance suffisante pour y avoir accès, les butter et les pincer. La première distance entre les lignes et les plants nous paraît concilier tous les intérêts.

On plante en lignes parallèles ou bien en quinconce.

*Plantation.* — Lorsqu'on a arrêté les distances que l'on veut donner aux lignes et aux plantes entre elles, on procède autant que possible à la plantation par un temps couvert. Mais immédiatement avant, si le sol est sec, on fait passer le rouleau sur le champ.

En Belgique, canton de Wervick, on plante le tabac en lignes parallèles distantes entre elles alternativement de 40 et de 55 centimètres. Ce dernier intervalle sert de sentier de circulation à l'ouvrier qui a la surveillance du champ sous ses ordres ; les plantes sont distantes entre elles, dans la ligne, de 37 à 38 centimètres.

On marque les lignes à l'aide d'un rayonneur qui fait de légers sillons ; ensuite on tend le cordeau sur lequel les distances auxquelles on mettra les plants sont indiquées par des nœuds. Un ouvrier muni d'un plantoir dont la pointe est nue ou recouverte d'une lame de fer triangulaire ou arrondie, pique son instrument aux points marqués par les nœuds jusqu'à la profondeur voulue dans la terre, de façon que les plantes y pénètrent facilement ; un second ouvrier les enfonce dans les trous ayant soin de mettre la racine droite, jusqu'au premier nœud des feuilles, et de bien refouler la terre sous la plante.

Il va sans dire que si la plantation n'a pas une certaine importance, un seul ouvrier exécute toutes les opérations.

Si la plantation se fait par un temps sec, on doit s'opposer à la prompte évaporation des sucs des plants; non-seulement il convient alors d'arroser immédiatement après le repiquage, avant et après le coucher du soleil, jusqu'à ce que les plants aient repris, mais il est aussi presqu'indispensable de déposer sur chaque plant une feuille de chou, de bardane, un peu de foin, de mousse ou d'herbe mouillée, afin de le préserver de la dessiccation.

Quelques jours plus tard on remplace les jeunes plants qui n'ont pas repris par des sujets conservés dans la pépinière ou entreplantés à cet effet dans les lignes, si l'on n'a pas de pépinière à soi.

En Allemagne on fait à peu près les plantations comme en Belgique.

En Hollande, où les champs sont disposés en billons étroits et élevés, on met deux lignes de plants en quinconce; les lignes sont distantes les unes des autres de 36 à 38 centimètres; on espace les plants entre eux de 48 à 50 centimètres.

Dans le midi de la France, la régie exige que l'on ne plante que 10,000 pieds par hectare; tantôt on repique en lignes droites et parallèles, d'autres fois on plante en quinconce. Il n'est pas rare de voir dans un même champ les plants distants de 55 à 70 centimètres et d'autres d'un mètre vingt centimètres à un mètre. Dans les départements du Haut et du Bas-Rhin, on repique les plançons quand ils ont 2 à 4 feuilles : pendant la croissance on leur donne quelques façons, tantôt à la houe à main, d'autres fois avec la houe traînée par des chevaux : on ne néglige pas les arrosements.

Dans la Virginie et le Maryland, on partage les champs en allées distantes d'un mètre les unes des autres et parallèles, sur lesquelles on plante en quinconce des piquets éloignés d'un mètre : à cet effet, on tend un cordeau divisé de mètre en mètre par des nœuds ou quelques autres marques apparentes, et l'on plante un piquet en terre à chaque nœud ou marque; après qu'on a achevé de marquer les nœuds du cordeau, on le lève, on le trace un mètre plus loin, observant que les premiers nœuds ou marques ne correspondent pas vis-à-vis d'un des piquets plantés, mais au milieu de l'espace qui se trouve entre des piquets; et on continue de marquer ainsi successivement tout le terrain avec des piquets, afin de mettre à leur place les plants, qui, de cette manière, se trouvent plus en ordre, plus aisés à sarcler, et à une distance suffisante pour prendre la nourriture qui leur est nécessaire.

Il faut que le plant ait au moins cinq à six feuilles pour pouvoir se transplanter; il faut encore que le temps soit pluvieux, ou tellement couvert que l'on ne doute point que la pluie ne soit prochaine, car si l'on transplante en temps sec, on risque de perdre son travail et ses plants. On lève les plants doucement et sans endommager les racines, on les couche proprement dans des paniers et on les porte à ceux qui doivent les mettre en terre. Ceux-ci sont munis d'un plantoir de 27 millimètres de diamètres et d'environ 37 à 40 centimètres de longueur.

Ils font avec ce plantoir un trou à la place de chaque piquet qu'ils lèvent et y mettent un plant bien droit, les racines bien étendues ; ils l'enfoncent jusqu'à l'œil, c'est-à-dire jusqu'à la naissance des feuilles les plus basses, et pressent mollement la terre autour des racines, afin qu'elles soutiennent la plante droite sans la comprimer. Les plants, ainsi mis en terre et dans un temps de pluie, ne s'arrêtent point ; leurs feuilles ne souffrent pas la moindre altération, repoussent en 24 heures, et profitent à merveille. (1)

(1) Cours complet d'agriculture du XIXe siècle.

# CHAPITRE XII.

## Soins de culture à donner pendant la croissance.

La reprise des plants est certaine au bout de six à huit jours après la plantation, si celle-ci a été faite par un temps pluvieux.

On remplace après ce terme les plants qui n'ont pas repris par des sujets pris dans la pépinière, ou des sujets entreplantés dans le champ, les levant s'il est possible avec une motte de terre, ce qui met toute la plantation sur un égal pied de végétation : on renouvelle aussi les plants endommagés par le temps orageux ou les limaces.

Si la plantation a été détruite par un orage avant la mi-juin, on peut opérer un second repiquage ; si cela a lieu plus tard, il ne reste plus qu'à y semer une autre récolte.

Dix à quinze jours après la plantation on donne la première façon à la houe autour des plants. Ce labour ameublit le sol raffermi par le piétinement, y rend la pénétration de la chaleur plus facile et favorise toutes les combinaisons qui ont lieu dans le sol. On saisit ce moment pour faire autour de chaque plant une excavation dans laquelle on jette des engrais liquides composés de vidanges chargées d'une certaine quantité de tourteaux de colza. Rien n'active autant la végétation que cet arrosement. Le houage se réitère au bout de 15 jours et détruit alors les plantes adventices qui commencent à pulluler dans les sols gras.

Lorsque les plants ont trente centimètres environ de hauteur, on donne une nouvelle façon à la houe et on réunit la terre autour d'eux ; ce buttage ne peut dépasser 4 à 10 centimètres.

Dans les terrains élevés et secs, on doit prendre des mesures pour pouvoir, pendant les sécheresses prolongées, faire des arrosements plus ou moins copieux.

Toutefois, on n'arrose de temps à autre que lorsque le besoin s'en fait sentir, avec de l'eau âcrée dans laquelle on a soin de dissoudre un peu de colombine ou de délayer des tourteaux de colza, de cameline ou de pavot, ou de la vidange. On cesse tout arrosement lorsque les plants ont pris tout leur développement ; dès lors ils savent se suffire à eux-mêmes.

Quelques amateurs qui produisent le tabac nécessaire à leur consommation, pratiquent dans les terrains secs et élevés, le paillage, lequel consiste à étendre du fumier consommé sur toute la superficie du terrain.

Cette opération ne conserve pas seulement l'humidité du sol, mais empêche les herbes adventices de pousser, et charge de ses principes fertilisants les eaux pluviales qui filtrent à travers le fumier ; aussi la végétation prend-elle une grande vigueur. Cette pratique, qui est très-bonne, n'est pas malheureusement applicable en grand.

# CHAPITRE XIII.

## Du pincement ou ébourgeonnement.

Dans la culture du tabac, tous les soins du cultivateur tendent à la production de feuilles amples, pesantes et présentant le maximum de qualités intrinsèques.

Toutes les plantes, si l'on en excepte quelques-unes, présentent des tiges et des rameaux sur lesquels les feuilles inférieures sont plus grandes que les supérieures, de sorte qu'on remarque une décroissance presqu'insensible de leur étendue depuis le sommet jusque vers la base ; ici on trouve, en général, quelques feuilles qui sont plus petites que celles qui leur sont immédiatement supérieures.

Les trois ou quatre, rarement les cinq feuilles inférieures, sont plus petites que les suivantes. C'est ce qui ressort de l'examen d'une plante tant repiquée que non repiquée. En supprimant la partie supérieure de la tige et les rameaux naissants, on fait refluer tous les sucs nutritifs vers les feuilles conservées ;

de là, leur accroissement rapide et leur grand développement. Cette suppression se désigne sous le nom de *pincement* ou *ébourgeonnement*. Outre l'ampleur du feuillage, le pincement rend les plantes plus trapues et plus robustes pour résister aux coups de vent et aux pluies; sans cela elles seraient exposées à être renversées et déchirées par les moindres intempéries atmosphériques.

Avant de commencer le pincement, on doit se fixer sur la qualité du tabac que l'on désire récolter. Du pincement dépend en grande partie la force du tabac que l'on obtiendra. Pince-t-on court, on a un tabac fort; pince-t-on long, la qualité sera plus douce.

Ensuite, on doit aussi ne pas perdre de vue le climat ou la contrée et l'endroit qu'on destine au tabac. Si le sol est à bonne exposition, abrité des vents, on peut cultiver les variétés à feuilles espacées et l'on peut pincer assez long. Si, au contraire, le champ n'est pas abrité, il faudra donner la préférence aux variétés à feuilles plus rapprochées, et l'on devra pincer court.

En règle générale, si on veut obtenir un tabac de bonne qualité, on conservera douze à treize feuilles dans les bonnes expositions; ce nombre ne sera que de huit à dix si l'on veut obtenir un produit fort. Si c'est du tabac doux que l'on veut récolter, on conservera quinze à dix-sept feuilles. On se gardera de conclure de ces observations que toutes les feuilles ont les mêmes qualités; car celles qui se sont développées les premières contiennent plus de principe actif (nicotine), ou sont plus fortes que les autres.

Lorsqu'on aura consulté la richesse du sol, son exposition, etc., on arrête le nombre des feuilles que l'on veut conserver à chaque plante et l'on procède au pincement.

Cette opération se fait de préférence de neuf heures du matin à quatre heures de relevée, parce qu'alors les feuilles sont ouvertes ou inclinées vers le sol, ce qui donne toute facilité pour aller vite en besogne.

Le pincement a lieu par section ou par pliure; la première méthode est la meilleure en ce qu'on n'a pas à craindre que les sommités ne soient suffisamment dilacérées, comme cela arrive assez fréquemment quand on opère par pliure, et alors nécessairement les extrémités se redressent et fleurissent. Aussi le pincement par section est-il presque le seul en vigueur.

Dans le pincement, il importe de ne pas déchirer ou endommager les feuilles.

Huit à dix jours après l'écimage ou suppression de la tête de la plante, il s'est formé des bourgeons ou jets latéraux aux aisselles des feuilles. Ces jets doivent être pincés dès qu'ils se montrent; on enlève en même temps les feuilles inférieures qui ont été endommagées ou détériorées par une cause quelconque. Dès ce moment, plus que jamais, l'œil du cultivateur doit être fixé sur les plantations jusqu'à la suppression du dernier bourgeon latéral, et lorsqu'il aura acquis la certitude que l'ébourgeonnement est général, il donnera le dernier houage, s'il est encore possible, et ensuite il abandonnera la plante à elle-même jusqu'à l'époque de sa maturité.

En Belgique et en Hollande, on conserve dans les

bons sols douze à quinze feuilles; dans les terres médiocres, dix à douze.

En France, la régie ne permet pas de conserver plus de neuf feuilles par plante; dans le Midi, l'ébourgeonnement n'est pas encore généralement pratiqué; à Tunis, royaume de Barbarie, en Afrique, on en garde vingt à vingt-cinq.

# CHAPITRE XIV.

## Des porte-graines.

Les plantes destinées à produire la graine, sont choisies parmi celles qui réunissent toutes les qualités des variétés qu'on veut propager.

Pour atteindre plus sûrement ce but, on conserve dans les champs quelques-unes des plus belles plantes qu'on a soin de ne pas étêter. Celles à tiges fortes, bien nourries, vigoureuses, sans être trop élevées, sont les meilleures.

On les butte, on les arrose et on leur donne des tuteurs pour qu'elles ne soient ni renversées ni lacérées par les vents.

La qualité de la graine sera d'autant meilleure que les plantes mères seront plus saines et qu'on n'y aura pas cultivé à proximité d'autres variétés ; si l'on cultive diverses variétés, on a à craindre l'hybridation.

Dans quelques départements français, on destine dès le moment de la plantation quelques pieds pour porte-graines. Ce procédé est radicalement mauvais : d'abord, parce qu'on ne peut savoir à cette époque si les pieds désignés acquerront la vigueur désirée, et ensuite, qu'il n'est pas encore possible alors de choisir les pieds qui réuniront le plus de caractères propres à la variété.

Vingt-cinq plantes soignées convenablement peuvent donner environ un kilogramme de semence. Les capsules les plus volumineuses et qui mûrissent les premières fournissent la meilleure graine.

Vers la mi-octobre et quelquefois plus tôt, les capsules commencent à prendre une teinte roussâtre ou brunâtre et qui se fonce en couleur : c'est alors le moment de les récolter par un temps sec au fur et à mesure qu'elles mûrissent : récoltées par un temps humide, elles se moisissent et se détériorent.

D'autres coupent les plantes quand il y a des capsules qui commencent à mûrir, et les suspendent dans un lieu ombragé, mais sec et aéré, jusqu'à ce qu'elles se soient desséchées. Mieux vaut, lorsque la saison n'est pas favorable et que la graine ne peut achever sa maturité, enlever les porte-graines avec une motte et les porter dans un endroit chaud et éclairé pour les y laisser mûrir.

Les Hollandais, qui entourent leurs cultures de tous les soins possibles, ôtent en automne leur porte-graines de terre et les plantent sur des couches épaisses de fumier de mouton et de matières fécales, dans des endroits aérés et chauds.

La graine qu'on laisse dans les capsules conserve sa faculté germinative pendant trois ans et plus, tandis que celle qu'on en ôte lève difficilement après deux ans de garde; la graine qui n'a pas atteint sa maturité reste verdâtre et ne germe pas.

A l'approche de l'époque du semis, on écrase les capsules en les frottant entre deux corps durs ou bien on les froisse entre les doigts; on rejette celles qui ne sont pas développées, car il n'en sort que des plantes débiles et très-sensibles aux moindres vicissitudes atmosphériques.

# CHAPITRE XV.

## Parasites, maladies et accidents.

Les parasites qui attaquent le tabac appartiennent au règne végétal et au règne animal.

Les plantes parasites qui se montrent surtout redoutables dans certaines situations sont : l'*orobanche rameuse*, de Linné, édit. d'Herm. *Eberrhar Richter Lipsiæ*, 1840, Spec. 4592, qui fait aujourd'hui partie du genre *Phelipæa*; il se distingue, à la première vue, des *Orobanches* par ses fleurs qui sont munies inférieurement d'une bractée outre deux bractéoles latérales : le *Phelipæa ramosa* a une *tige* annuelle de 1-3 décimètres, *rameuse*, plus rarement simple à écailles espacées, pubescente surtout dans sa partie supérieure, blanche ou un peu bleuâtre. Fleurs sessiles ou brièvement pédicellées. Bractées et bractéoles à nervures moyennes plus foncées ; bractée ovale-lancéolée, ordinairement un peu plus courte que le calice ; bractéoles linéaires-subulées. Calice à lobes triangulaires-subulés. Corolle assez petite, d'un blanc-jaunâtre, ordinairement lavée de bleu dans sa partie supérieure, à tube renflé à la base, resserré au milieu, puis dilaté, à *lobes* arrondis *obtus*. Anthères glabres vers les lignes de déhiscence ou présentant quelques poils à ce niveau. *Stigmate blanc* ou un peu *bleuâtre*. Elle fleurit de juin à septembre. (Cosson et Germain.)

Vaucher de Genève a fait des observations curieuses et intéressantes sur la germination des graines des orobanches. Il nous apprend que leurs graines, qui sont fort petites et à surface hérissée, confiées à la terre comme les autres semences, restent stationnaires et indolentes pendant plusieurs années, sans donner aucun signe sensible de développement quelconque, tant qu'elles ne sont pas en contact avec quelque radicelle d'une plante qui leur convienne, mais qu'entraînées par les pluies ou les arrosements dans le voisinage d'autres plantes et rencontrées par quelque filet de racine, elles s'y attachent et dès lors leur germination commence et s'achève : alors elles se fixent sur les racines qu'elles épuisent, et y restent adhérentes.

M. Thiébaud de Berneaud, contrairement à l'opinion générale, prétend que « les orobanches ne sont nullement parasites, puisqu'elles ne tirent point, dit-il, leur nourriture des végétaux qui leur servent de point d'appui, mais bien du sol où leur radicule adhère au moyen de huit à dix fibres. Elles ne nuisent positivement aux plantes sur lesquelles elles s'appuient qu'en diminuant la masse des sucs nutritifs qu'elles pourraient solliciter et obtenir du sol préparé pour elles, en pressant leurs tiges et en les forçant à une sorte de langueur que dénonce la teinte des feuilles. C'est surtout pendant les années sèches que le voisinage des orobanches est sous ce rapport très fâcheux pour les plantes économiques.

Un printemps constamment humide est contraire au développement des orobanches, tandis que les pluies d'été, quelqu'abondantes qu'elles soient, leur donnent de la vigueur et facilitent singulièrement leur propagation.

M. Thiébaudt de Berneaud a vu leurs semences, qui s'échappent aisément des capsules sans rien perdre de leur propriétés germinatives, attendre dix et même douze ans l'agent intermédiaire dont elles ont besoin pour éprouver leur première évolution.

D'après M. Thiébaud de Berneaud, l'orobanche ne serait qu'un parasite momentané, et devrait en quelque sorte être rangé parmi la classe des herbes adventices : c'est ce qui demande à être examiné de nouveau; aussi n'enregistrons-nous les réflexions de ce botaniste que sous simple bénéfice d'inventaire.

Le tabac qui en est atteint laisse pencher ses feuilles, qui se fléchissent comme par une sécheresse; si on ne se hâte pas d'y porter remède, toute la récolte est perdue. Si, comme cela arrive souvent, l'orobanche se montre de bonne heure, avant que les feuilles aient pris leur développement, ou si elles n'apparaissent que tard dans la saison, leurs dégâts ne sont pas considérables.

Pour combattre cet ennemi, il faut détruire les plantes avant leur floraison, et veiller à ce que le dernier pied soit enlevé; sinon on a à craindre inévitablement sa réapparition l'année suivante.

Quelques agronomes ont avancé que le tabac est attaqué quelquefois par une cryptogame du genre *uredo*, et la considèrent comme la cause de la rouille qui se manifeste par de petites taches rousses ou jaune-orangé sur les feuilles. Nous avons vainement cherché la présence de cette production cryptogamique sur les plantes qui étaient frappées de la maladie désignée sous le nom de rouille; et au cas où l'on viendrait à la constater, y aurait-t-il lieu de l'envisager comme la cause plutôt que comme l'effet de la maladie? Au bout de quelques jours les feuilles se tourmentent, se dessèchent et tombent en poussière.

On remarque rarement cette maladie dans les sols sains, profonds, bien ameublis; les engrais frais, joints à un temps humide, y prédisposent la plantation. Les gouttelettes de rosée frappées par le soleil produisent aussi de petites taches rousses, analogues à la rouille.

Parmi les parasites animaux nous avons à signaler, entre ceux qui s'en prennent aux feuilles, les limaces et les altises (puces de terre); ils occasionnent des dégâts considérables surtout dans les pépinières, quoique MM. Girardin et Dubreuil semblent insinuer le contraire lorsqu'ils disent : l'âcreté des feuilles du tabac en éloigne les insectes (1).

On fait la guerre aux limaces le matin et le soir des jours de printemps et d'automne, lorsque le temps est doux et lorsqu'il pleut. Tous les autres moyens qui ont été recommandés, comme la chaux, le sel, etc., peuvent être d'un grand secours.

(1) *Cours d'agriculture*. Paris, 1852, tome II, p. 506.

Les altises ou puces de terre rongent les jeunes feuilles et n'en laissent subsister en quelque sorte que le squelette fibro-vasculaire. On a recommandé beaucoup de moyens pour éloigner ou détruire les altises. Dans ce but, lorsque les plantes sont encore couvertes de rosée, on les saupoudre avec de la chaux, des cendres, de la suie bien pulvérisée ou de la poussière de chemin.

Parmi ceux qui s'en prennent aux racines, nous ne mentionnerons que les larves du hanneton qu'on appelle vulgairement vers blancs, mans, taons ou turcs ; elles causent de grands ravages, et la destruction en est difficile, parce qu'on ne s'aperçoit de leur présence que lorsqu'elles ont déjà commencé leurs dégâts : les plantes qui souffrent de leur présence laissent pendre les feuilles et se flétrissent ; si on fouille le sol, on découvre les larves et on les détruit.

Si l'on veut parvenir à l'extermination des vers blancs, il faut, comme le dit très-bien le *Bon jardinier*, dans la saison des hannetons, leur donner la chasse à midi, en secouant les arbres et leurs branches. L'insecte tombe, on l'écrase, et on diminue ainsi la ponte ; si l'on craint qu'il n'y ait des vers blancs dans un carré ou dans une planche dans laquelle on a mis des plantes qui craignent leurs ravages, on y met quelques pieds de fraisier ou de laitue qu'ils aiment beaucoup ; de temps à autre on visite ces deux plantes; dès qu'elles se fanent, on fouille à leur pied, et on est sûr d'y trouver un ou plusieurs vers blancs.

On a proposé plusieurs instruments pour opérer la destruction des mans, mais aucun ne répond à l'attente du cultivateur.

*Le jaunissement*, dont il a déjà été question, est une véritable maladie qui a pour cause l'application d'engrais trop frais d'après les uns, et d'après les autres un défaut ou manque d'azote : le jaunissement est très-rare, pour ne pas dire qu'on ne l'observe jamais quand les engrais sont décomposés avant leur enfouissement ou qu'ils ont été enfouis avant l'hiver. Dire la cause probable du mal, c'est indiquer les moyens qu'il faut employer pour le prévenir.

Les accidents les plus imminents auxquels le tabac est exposé sont : au printemps et en automne, les *gelées blanches* et les *orages*, comme les vents violents, les pluies torrentielles et battantes et la grêle : ils altèrent ou déchirent les feuilles.

*La rouille*, que nous avons fait connaître plus haut, n'est pas encore connue dans son essence : les causes en gisent problablement dans un sol humide ou mal exposé.

Si ces accidents arrivent avant le pincement, le mal n'est pas complétement destructeur : la plantation peut encore donner une récolte plus ou moins satisfaisante ; à cet effet, on doit immédiatement enlever toutes les feuilles et écimer ; cet écimage a pour effet de faire naître, à l'aisselle de chaque feuille supprimée, un rameau ; on conserve les deux ou trois feuilles inférieures de chaque rameau qu'on retranche au-dessus d'elles, et par là le cultivateur se procure souvent une compensation.

Si des gelées précoces d'automne frappent les côtes, les feuilles pourrissent et sont perdues. Lorsqu'après une nuit froide, le tabac prend une teinte jaune ou roussâtre, on doit s'empresser de procéder à la récolte.

# CHAPITRE XVI.

## De la récolte.

On reconnaît que le tabac est mûr, d'abord à ses feuilles qui se couvrent de taches d'un jaune-verdâtre, très-apparentes quand on les tourne contre le soleil; ensuite, à ce que leurs pointes sont inclinées vers la terre, que leur surface est ridée; et enfin à ce que la plantation devient jaunâtre, qu'elle exhale une odeur plus forte et pénétrante et que les feuilles se cassent facilement quand on les ploie.

Si on fait la récolte plus tôt, il y a perte en poids et en qualité; toutefois on ne peut pas différer la cueillette, même si ces signes n'existent pas encore, quand on a à craindre des gelées. Si on attend plus longtemps, tout en perdant ses propriétés aromatiques, le produit diminue aussi considérablement en poids.

La maturité du tabac procède de bas en haut, c'est-à-dire de la même manière et dans le même ordre que l'évolution et le développement des organes ont eu lieu; aussi les feuilles de la base sont plus tôt mûres que celles du sommet. Les cultivateurs soigneux qui s'intéressent à leur industrie ont mis cette notion à profit.

Le succès de la récolte dépend du moment choisi pour la faire, au triple point de vue du degré de maturité de la plantation, du temps et de l'heure de la journée.

Nous avons déjà vu qu'il est de la plus grande importance de ne commencer la récolte que lorsque le tabac est mûr ; nous ajouterons à cette condition indispensable, qu'il importe de la faire par un beau temps et qu'on ne peut la commencer que lorsque le soleil aura dissipé la rosée et les vapeurs du matin.

Le mode de récolte est sujet à quelques variations. On fait la cueillette des feuilles au fur et à mesure qu'elles acquièrent leur maturité ; d'autres fois on fait la cueillette générale des feuilles ; d'autres fois enfin on coupe la plante entière près du sol. Les deux derniers procédés sont seuls en usage en Belgique.

Les deux premiers modes conviennent spécialement dans le Nord ; le dernier ne devrait être pratiqué que dans le Midi et dans tous les cas il laisse constater une grande perte sur le produit.

En effet, la récolte se fait quand les feuilles inférieures sont mûres ; si l'on ne retranchait que ces feuilles mûres, les autres non encore développées donneraient, en prenant tout leur développement, un plus grand rendement et de meilleure qualité. D'après cela on devrait se décider, dans le Nord surtout, à faire la cueillette des feuilles au fur et à mesure de leur maturité et abandonner définitivement le mode de récolte par plante entière et de cueillette générale ; mais il est des cas où il est presque indispensable de faire la récolte en tige, si l'on ne veut pas s'exposer à n'obtenir qu'un produit dépourvu de qualités. Le tabac, comme on sait, doit se dessécher lentement. La dessiccation doit concentrer les sucs, mais ne peut pas les altérer. Si l'altération en a lieu, la fermentation qui relève à un si haut degré les qualités qui font rechercher le tabac devient très-difficile sinon impossible, et le produit diminue singulièrement de valeur.

Or, dans les pays méridionaux où les feuilles de tabac sont souvent peu épaisses, peu saturées d'eau, celles-ci ne tarderaient pas, sous l'influence d'un climat chaud et sec, à s'altérer par une trop prompte dessiccation.

Les habitants de la Virginie, etc., ont appris par l'expérience, que, pour leur conserver toutes leurs qualités à l'état de germe, ils doivent transporter au fur et à mesure de la cueillette les feuilles dans des endroits ombragés, ce qui devient quelquefois onéreux ; ou bien faire la récolte en tige ; de cette façon, les feuilles gardent plus longtemps leur humidité.

Dans les pays septentrionaux on ne fait la récolte en tige que par esprit d'économie et en vue de l'augmentation du poids des feuilles ; mais leurs tabacs sont en général très-peu riches en principes salins et ont un parfum quelquefois détestable.

On pense aussi que les feuilles non mûres au moment de la récolte mûrissent pendant la dessiccation. On se trompe ; la vie active, la chaleur, la lumière et l'air sont le cortége indispensable pour amener la maturité parfaite du tabac.

Quoi qu'il en soit, nous allons décrire la manière d'opérer.

### § 1er. — *Récolte du tabac en feuilles.*

Quand les feuilles inférieures sont mûres, on les arrache une à une, ayant bien soin de ne pas les lacérer ; huit jours après on cueille les feuilles intermédiaires qui forment la moitié et le plus souvent les deux tiers de la récolte, et enfin dix à trente jours plus tard on cueille les feuilles supérieures.

Quand on opère par cueillette générale, comme en Belgique et dans le nord de la France, on attend que la plus grande partie des feuilles de la plantation aient presque acquis leur maturité.

Au fur et à mesure qu'on retranche les feuilles, on les divise en trois classes d'après leur degré de développement et on les dépose par paquets de dix à douze par terre ou sur des claies jusqu'à ce qu'elles se soient amollies ou fanées ; alors on les conduit liées en botte ou libres sur une charrette ou sur une brouette, au séchoir, qui est tantôt un bâtiment construit exprès, tantôt un grenier, une grange, un hangar, etc. Là les feuilles sont enfilées à des ficelles, ou à des baguettes.

M. Schwerz décrit ces deux modes d'enfilage en ces termes : « On procède à l'enfilage ainsi qu'il suit : on fait un choix de perches longues de 6 à 7 pieds ($1^m$,87 à $2^m$,19), minces et néanmoins assez fortes pour ne pas ployer sous le poids des feuilles ; l'ouvrier prend les feuilles une à une, les pose successivement sur une petite planche qu'il tient sur ses genoux, et fait à la base de la nervure dorsale (fig. 9), qui en est la partie la plus épaisse, un trou avec un

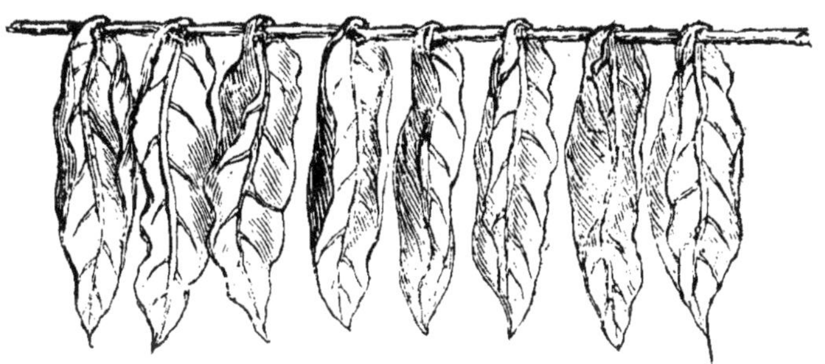

Fig. 9.

couteau; il les met ensuite à côté de lui et continue ainsi, en les arrangeant toutes dans le même sens, jusqu'à ce qu'il en ait formé un paquet d'une certaine hauteur; il passe alors la perche à travers tous les trous, et, la relevant horizontalement, il espace les feuilles d'un demi-pouce (13 millimètres) ou même de 1 pouce (26 millimètres), si le séchoir n'est pas très-aéré.

» L'autre enfilage se fait au moyen d'une ficelle à l'un des bouts de laquelle est adaptée une aiguille longue d'un pied (313 millimètres); on perce simplement avec cette aiguille (fig. 10) les feuilles dans leur partie la plus solide, en les espaçant sur le cordeau, comme on l'a indiqué pour l'enfilage à la perche. La longueur de ces ficelles, comme celle des perches, doit être déterminée par l'étendue du séchoir: en tout cas, cette étendue ne doit pas être trop grande afin de permettre aux cordeaux comme aux perches de supporter leurs charges. Les feuilles enfilées ne sont pas immédiatement portées au séchoir, mais on les suspend aux saillies des toits ou à des arbres, après avoir réuni les deux extrémités des cordeaux en forme d'anneaux; on les laisse ainsi quelque

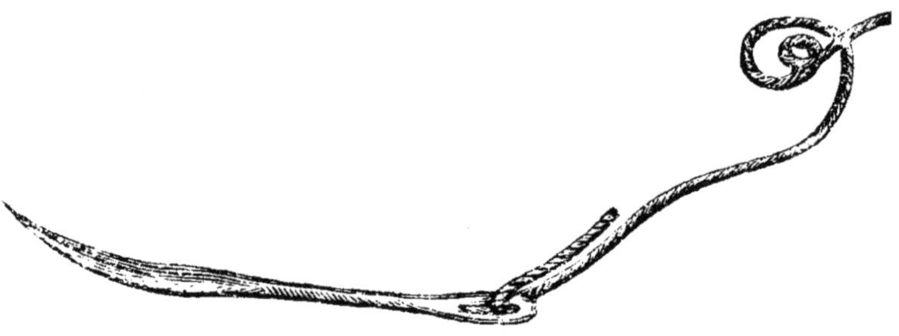

Fig. 10.

temps, afin de se débarrasser de leur excès d'eau, et on ne les rentre que successivement, selon que les séchoirs sont plus ou moins spacieux ; après cela on les suspend à dessécher au grenier, aux saillies des toits, des maisons et des écuries, nues ou abritées par une toile. »

D'autres usent de plus de soins et obtiennent de plus beaux produits. Ils procèdent ainsi : au fur et à mesure que les feuilles sont cueillies, on les étend sur les claies, puis on les porte au séchoir, où elles sont placées sur les paillassons. La meilleure position qu'on puisse adopter est de les placer sur leur queue, leur pointe en haut et les unes contre les autres ; chaque tas devra avoir de 60 à 70 centimètres de hauteur, mais lorsque le temps est beau, on peut, à la rigueur, couvrir les feuilles droites avec d'autres qu'on met à plat ; dans cette position, on leur laisse passer plusieurs nuits pour les ramollir, les blanchir, et afin qu'il puisse en entrer dans une guirlande trois fois plus qu'étant fraîches.

Aussitôt que les feuilles ont assez de souplesse pour qu'on n'ait pas à craindre de les casser en les touchant, des enfants de l'âge de huit à quinze ans s'occupent avec un tranchet ou une forte aiguille à percer la côte de la feuille, afin d'y passer une baguette et en former des guirlandes, qui, aussitôt terminées, doivent être mise en pente. Cette opération peut durer cinq jours en employant une douzaine d'enfants par jour. Les uns sont occupés à fendre les feuilles, les autres à les enfiler (Joubert.)

En Hollande, la récolte commence vers la fin de juillet : on détache alors les feuilles inférieures nommées *Zandgoed*; quelquefois en même temps ou 8 à 10 jours plus tard celles nommées *aardgoed*; ces feuilles ne sont pas entièrement mûres. Mais les 3, 4 ou 5 feuilles supérieures que l'on qualifie de *bestgoed*, ne sont récoltées qu'un mois après, lorsqu'elles ont acquis toute leur maturité, qui est annoncée par l'apparition de protubérances ou du cloquage des feuilles. On pratique une incision au pétiole ou queue ou à défaut de queue dans la côte ou grosse nervure de chaque feuille, on les enfile à des baguettes d'aulne ou de sapin et on les porte au séchoir. Lorsque les feuilles se sont suffisamment resserrées par l'évaporation, on enfile à une baguette celles qui se trouvent sur deux ou trois baguettes; après quelques jours la dessiccation est complète et on rapproche toutes les baguettes ou bien on en forme de grands tas ou meules.

Les tiges dépouillées de leur feuilles développent,

pendant la belle saison, des bourgeons qui peuvent fournir une seconde récolte ou un regain de qualité très-inférieure : comme il ne compense pas l'épuisement du sol qui en est la conséquence, il est préférable de les enlever après la cueillette.

§ 2. — *Récolte du tabac en tiges.*

Ce mode consiste à couper les tiges garnies de leurs feuilles à 4 ou 5 centimètres du sol.

Cette opération se fait avec une hachette ou une serpe bien tranchante : le récolteur incline la plante d'une main et de l'autre la coupe d'un seul trait : il doit avoir soin de ne pas endommager le produit, soit en déchirant ou en froissant les feuilles.

Les plantes coupées sont laissées quelques heures par terre jusqu'à ce que les feuilles se soient en quelque sorte fanées.

Dans quelques localités de la Belgique, après la coupe des tiges, on les place dans un endroit abrité les unes à côté des autres, la base des tiges en haut, et les feuilles rapprochées de leur support, où on les laisse pendant deux, trois ou quatre jours et même plus ; on s'assure de temps à autre qu'elles ne s'échauffent pas trop : cette opération a pour but de faire prendre aux feuilles une couleur jaunâtre. Lorsqu'on juge la teinte assez prononcée, on les transporte dans les locaux qui doivent servir de séchoir.

Dans d'autres localités on ne soumet pas les tiges garnies de leurs feuilles à cette première fermentation : on les transporte directement au séchoir, où on les suspend de diverses manières : si c'est sous le toit du grenier, on introduit dans la base de la tige, vers son extrémité, une cheville longue de dix à quinze centimètres, et on y glisse cette cheville entre les lattes et la couverture du toit. Si c'est autour des bâtiments, comme écuries, saillie du toit des maisons, on les suspend du côté du midi ou de l'est à des cordeaux. Si c'est dans un local fait exprès, les plantes sont supportées par des gaules. On les y fixe de diverses

Fig. 11.

manières : tantôt c'est à l'aide d'une cheville que l'on introduit dans la base de la tige, de manière à former un angle aigu, qui forme une espèce de crochet (fig. 11), tantôt on les attache par l'enroulement d'un cordeau en spirale (fig. 12), d'autres fois enfin les gaules sont

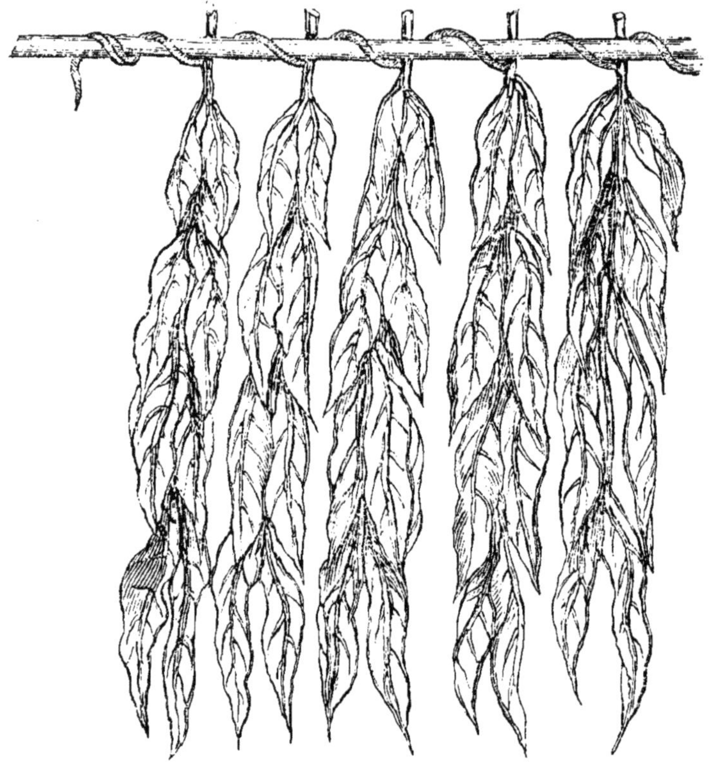

Fig. 12.

munies, de distance en distance, de cordons terminés par un nœud coulant (fig. 13) qui reçoit la queue ou le bout de la tige : il va sans dire que les gaules sont placées pendant l'opération sur un chevalet *ad hoc*.

Dans d'autres localités encore de la Belgique, on coupe les tiges près du sol, on les étend sur la terre et on les retourne trois ou quatre fois dans la journée jusqu'à ce qu'elles soient fanées : alors on les transporte sous un hangar, où l'on épluche les feuilles que l'on pose les unes sur les autres, et on les garde dans cet état pendant trois ou quatre jours. Leur teinte

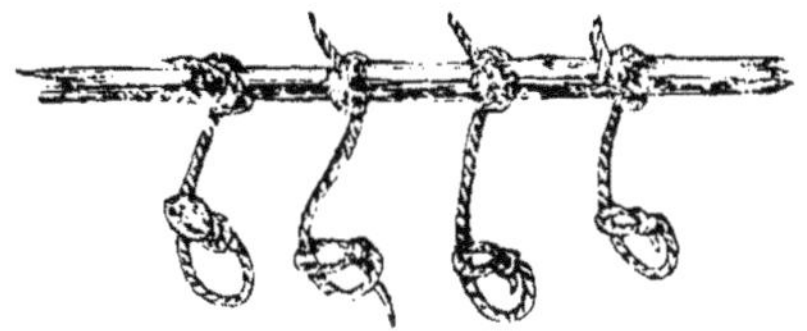

Fig. 15.

étant devenue jaunâtre, on défait le tas l'on enfile les feuilles à des ficelles et on les fait sécher.

Dans le midi de la France, les tiges étant coupées, on les laisse faner un peu sur la terre, puis on les transporte dans un bâtiment spécial qui sert de séchoir. Là les tiges sont liées deux à deux vers la base et suspendues, la tête en bas, à des cordes ou des lattes placées horizontalement vers le plafond. La dessiccation s'opère lentement et à l'ombre.

A Tunis, royaume de Barbarie, entre 31° et 37° 20' de latitude nord et entre 5°40' et 90° de longitude est, on opère comme suit : Quand les plantes sont coupées, on les place à l'ombre, ou on les couvre de nattes ou de toile pour les préserver du soleil.

Elles sont disposées par couches peu épaisses (cinq à six plantes couchées l'une sur l'autre). Après le coucher du soleil on les transporte au séchoir, où on les dispose en petits tas de trois à quatre plantes, les unes sur les autres, en les recouvrant de paille. Elles restent ainsi trois jours, pendant lesquels on a soin de les retourner et de les agiter chaque jour pour qu'elles ne s'échauffent pas trop. Par l'effet de cette opération, les feuilles changent de couleur et deviennent jaunes de vertes qu'elles étaient. On tord alors les tiges, en les saisissant par les deux extrémités, et on les suspend verticalement au plancher par de petites ficelles sans les trop serrer les unes contre les autres. La dessiccation s'opère ainsi à l'ombre et lentement. Les feuilles ayant passé à la couleur brune, on les détache de la tige et on en forme des lits peu épais, que l'on expose au soleil pendant quelques heures (1).

Dans la Virginie quelques-uns les coupent entre deux terres; les autres de 2 à 5 centimètres du sol. Les plantes restent près de leur souche jusque tard dans l'après-dîner, ayant soin de les retourner trois ou quatre fois pour que l'évaporation de leur humidité soit uniforme. Si le tabac présente des feuilles épaisses, gorgées de sucs, on les met en tas le soir pour les couvrir le lendemain et les étendre comme la veille : si les feuilles sont minces, peu gorgées de sucs, on les rentre le même soir, avant le coucher du soleil, au séchoir. On y étend les plantes les unes sur les autres, et on les couvre de nattes ; ensuite on charge le tas de quelques planches et de pierres.

(1) Gasparin.

# CHAPITRE XVII.

## Des locaux pour la dessiccation du tabac.

Dans les pays où la culture du tabac n'est pas pratiquée sur une grande échelle, on ne rencontre que rarement des locaux qui réunissent toutes les conditions voulues (ombre et ventilateurs, etc.) pour opérer la dessiccation des produits, et qui méritent le nom de séchoirs. Ce n'est que dans les localités où cette plante s'est acquise une réputation dans le commerce que les séchoirs sont en vogue. En Amérique, il n'est pas de planteur qui n'ait son séchoir à lui ; en Allemagne, en France, en Belgique, les séchoirs qui y existent sont d'une simplicité et souvent d'une insuffisance qui nous empêchent en quelque sorte de les qualifier de séchoirs.

Les séchoirs sont établis sur le principe que l'air et les gaz se saturent, par une température donnée, d'une proportion d'eau également donnée, qui s'accroît rapidement avec la température, et qu'en renon-

12

velant suffisamment l'espace, on renouvelle par là même également l'évaporation.

Le but sera donc réalisé quand on aura obtenu une ventilation suffisante.

Le séchoir belge n'est le plus souvent qu'une espèce de hangar établi en plein champ ou près de l'habitation du cultivateur; il consiste en quatre, six, huit, dix pivots ou plus, selon l'importance de la culture, couverts d'un toit en paillassons ou en paille, d'une élévation de 2 à 3 mètres. Tantôt ces séchoirs sont fermés tout autour, sauf qu'on y conserve deux, quatre, six, etc., valves qu'on peut ouvrir et fermer à volonté; tantôt elles sont ouvertes tout autour, mais la toiture descend bas, de manière à soustraire à l'accès de la lumière les plantes et les feuilles suspendues.

L'aire des séchoirs est garnie de perches verticales munies de chevilles ou de crochets de 50 à 55 centimètres au plus pour y déposer les baguettes ou gaules ou attacher les ficelles. Ces perches doivent être espacées de façon qu'il y ait entre chaque rangée suspendue une distance de 4 à 5 centimètres; on y ménage de distance en distance des passages, de manière qu'on puisse y circuler librement et surveiller la marche de la dessiccation.

Toutes les perches sont placées parallèlement

(1) La distance des crochets ou chevilles entre eux est subordonné au mode de récolte : si la récolte a lieu en tige on doit les espacer de quatre à cinq centimètres de plus que la longueur de la plante. Il en est de même quand la récolte est faite en feuilles ; on leur donne une distance qui dépasse de quatre à cinq centimètres la longueur des feuilles.

entre elles, de manière que les courants d'air qu'on y établit ne soient pas interceptés.

On rencontre encore çà et là, en Belgique, et surtout dans la Flandre occidentale, une autre espèce de hangar que Van Albroeck a décrite en ces termes : « D'autres encore, surtout ceux qui ont beaucoup de tabac à faire sécher, pratiquent, du côté méridional de la grange ou des étables, un séchoir posé sur quatre pivots, et ils y suspendent le tabac à des perches ; quand il y a des pluies violentes ou des vents un peu forts, ils serrent les perches les unes contre les autres, ils lient ensemble les feuilles de tabac par-dessus, et leur séchoir est recouvert de paille aussi longtemps que durent les pluies ou les grands vents (1). »

Les séchoirs exprès sont généralement employés en Amérique ; nous nous bornerons à décrire une de ces constructions en usage dans la Virginie.

Les séchoirs y sont toujours aussi rapprochés que possible des plantations, et la capacité en est réglée d'après l'importance des cultures.

La hauteur des séchoirs varie de 8 à 10 mètres, le toit descend jusqu'à 4 mètres, de façon que le toit jusqu'au faîte a 5 à 4 mètres d'élévation, et le corps du bâtiment de 5 à 5 mètres et demi.

L'aire des séchoirs américains est la terre même : il est rare qu'on les plancheie ou qu'on les carrèle. Cependant les grands planteurs ont, depuis quelques années, trouvé que les dépenses qu'exige le carrelage ne sont pas inutiles.

(1) *L'Agriculture pratique de la Flandre*. Paris, 1850, p. 251.

La carcasse des séchoirs est formée de piliers solides fixés dans le sol et traversés par des poutres et des poutrelles; on la garnit de planches qui ne se touchent pas par les bords, fixées avec des chevilles en bois.

Tantôt il y a une porte d'entrée et une porte de sortie ; d'autres fois il n'y a qu'une seule porte ; il n'y a pas de fenêtres.

La toiture est en planches ou en briques ; on se ménage une ouverture ou intervalle qui varie de 10 à 25 centimètres de hauteur et qui règne tout autour, entre le toit et le corps de bâtiment.

A l'intérieur du bâtiment, il y a en travers de petits chevrons carrés de 6 à 8 centimètres de diamètre, éloignés entre eux d'un mètre environ ; ils servent à poser les gaulettes auxquelles on suspend les plantes de tabac. La rangée supérieure est placée à 5 ou 6 décimetres du faîte ; la deuxième à 9 décimètres ou plus, et ainsi de suite jusqu'à 1 mètre 75 centimètres environ du sol.

Si l'on considère qu'en Amérique il règne à l'époque de la récolte une température trop élevée pour obtenir lentement la dessiccation du tabac, et que les Américains ne doivent recourir le plus souvent aux séchoirs que pour la retarder autant que possible, en un mot, qu'ils ne visent qu'à se créer des locaux frais et alimentés par de bons courants d'air, ne pourrions-nous pas être portés à croire que ces séchoirs ne remplissent pas complétement le but, lequel serait entièrement atteint par de légères constructions en briques qui assurent toujours un air frais l'intérieur, quelle que soit en quelque sorte la température ambiante? Mais nous n'avons pas à examiner cette question, d'autant plus que la Virginie nous fournit d'excellent tabac dont la dessiccation a été opérée dans des séchoirs construits exclusivement en bois.

« Les meilleurs séchoirs, et en même temps les plus simples, dit Schwerz, sont des hangars clos par des treillages au lieu de maçonnerie et dont les toitures sont percées, sur les deux versants, de lucarnes qui laissent circuler l'air : en place de treillage, on peut élever ces hangars avec des planches clouées horizontalement, à la distance d'un pouce (26 millim.) l'une de l'autre.

» Les séchoirs construits judicieusement présentent des deux côtés un grand nombre de fenêtres que l'on peut ouvrir et fermer à volonté. Le système est organisé de manière à ce que, d'un seul mouvement, on en puisse fermer et ouvrir plusieurs à la fois; cette disposition qui permet de clore à propos, présente de grands avantages par un vent violent et surtout par un temps brumeux, car rien n'arrête le cours de la dessiccation et ne pousse à la pourriture comme de fréquents brouillards. Les cordeaux ou perches sont placés dans la direction des ouvertures et présentent ainsi un libre accès à la circulation de l'air. »

En Hollande, les séchoirs sont construits d'après les indications de Schwerz : nous ne doutons pas qu'il ne les ait puisées dans ce pays : ils se rapprochent aussi dans quelques endroits, sous certains rapports, des séchoirs à persiennes.

M. Pouillet donne la description d'un séchoir qui, comme on en jugera, n'a pas les proportions modestes qui suffisent à la tabaciculture, mais semble spécialement destiné à la grande industrie. Ce n'est pas à dire pour cela qu'il ne soit très-convenable et très-propre à sécher le tabac : au contraire, il réunit toutes les conditions désirables.

M. Pouillet s'exprime en ces termes :

« Il convient de choisir un endroit le plus possible accessible à tout vent, éloigné de tous marécages, eaux stagnantes ou lieux bas humides. Il est à remarquer que le voisinage des rivières et des eaux courantes, loin d'être une circonstance défavorable, détermine souvent, au contraire, des courants d'air capables de bien dessécher. Le vent du nord-est est en général celui qui dessèche le mieux ; il convient donc qu'il puisse entrer très-facilement et sortir de même du côté opposé.

» Lorsqu'il n'est pas possible d'éviter la grande proximité d'un marais ou d'une eau stagnante, il faut empêcher du moins l'accès habituel des exhalaisons humides, en construisant plein et le plus étroit, le côté en regard de ces emplacements humides.

» Le sol du séchoir doit être imperméable à l'humidité souterraine, surtout si l'on veut utiliser le rez-de-chaussée au dessèchement ou à la conservation des matières sèches : à cet effet, on peut recouvrir le sol d'une couche de mastic bitumineux ou d'un carrelage en mortier de chaux hydraulique.

» Afin de laisser à volonté le plus possible d'accès à l'air atmosphérique par les différents côtés du séchoir, celui-ci doit-être construit en charpente assez solide d'ailleurs pour résister à l'action longue des vents les plus habituels ; des persiennes construites de différentes manières, permettent d'ouvrir ou de fermer l'accès à l'air extérieur en mouvement. L'un des modes de construction les plus économiques de ces sortes de persiennes est indiqué, fig. 14 et 15, par une

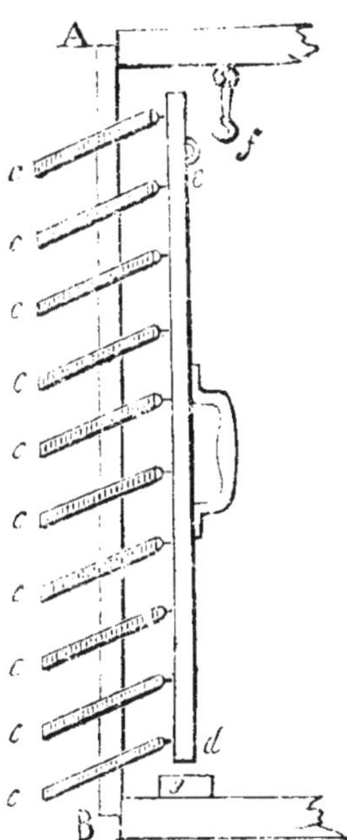


Fig. 14.

vue de face et de côté ; un châssis AB est garni de lames c. c. c. assez larges pour se recouvrir les unes les autres d'un quart environ de leur largeur ; un tourillon

Fig. 15.

en fer à patte, *b*, adapté au milieu de chaque bout des lames (fig. 15), tourne librement dans l'ouverture circulaire d'une plaque de tôle; une tringle en bois *d*, *e* (fig. 14, 16) tient toutes les lames à l'aide d'un gros fil de fer tourné en anneau passant dans l'ouverture d'un piton posé à vis dans chaque lame au milieu de sa longueur. Il résulte de cette disposition que toutes les lames se meuvent solidairement ; lorsqu'on lève la tringle (fig. 16), les lames s'appuyant l'une sur l'autre ferment l'accès à l'air. Pour soutenir la persienne dans cette position, il suffit de pousser un crochet *f* (fig. 14) dans un piton, ou simplement on place une cale en bois *g* sous le pied de la tringle.

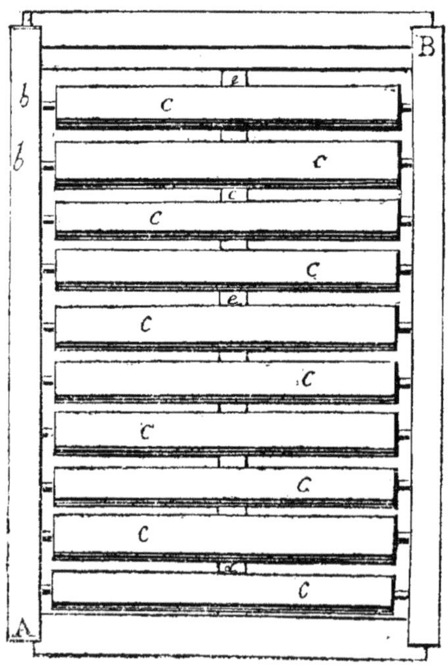


Fig. 16.

» Les tourillons des lames peuvent être pris dans la même planche qui forme chaque lame : cette méthode est plus économique encore que la précédente ; mais au bout de quelques années les tourillons en bois s'altèrent et doivent être remplacés par des tourillons en fer.

» Des persiennes entièrement en bois et fort économiques sont indiquées dans les fig. 17 et 18 vues de face et de profil ; des lames ou planches en bois *a*, *a*, longues de 1 pied à 15 et quelquefois 18 pouces, sont disposées horizontalement entre les deux côtés verticaux d'un châssis ou même entre deux montants du

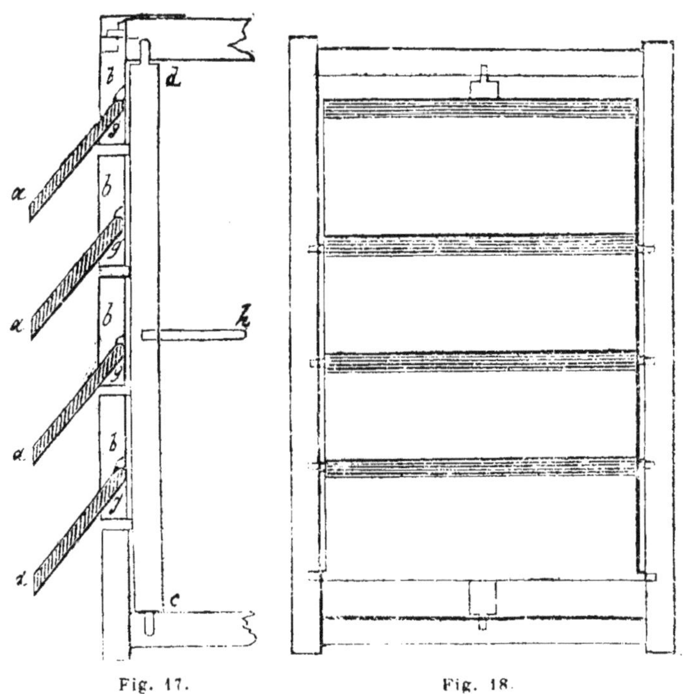

Fig. 17. Fig. 18.

hangar. Des tourillons *p*, *p* (fig. 19) de toute l'épaisseur de la planche sont en saillie au plus haut de chaque lame et jouant à l'aise dans une entaille *b*, permettent de faire lever ou baisser la lame, suivant qu'on veut ouvrir ou fermer les persiennes. Ces mouvements s'opèrent à volonté, à l'aide d'un arbre tournant et vertical en bois *c*, *d*, armé de chevilles *g*, *g*, *g*, qui correspondent aux lames, et les poussent du dedans au dehors, lorsqu'en tournant l'arbre, on dirige les chevilles contre les lames.

Une troisième sorte de persiennes à séchoirs consiste en une sorte de claie (fig. 20) formée de planches

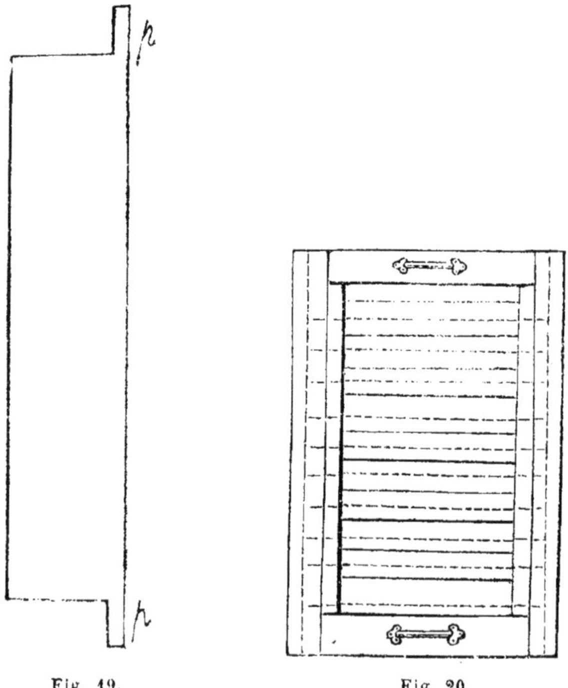


Fig. 19. Fig. 20.

maintenues verticalement à distances égales à leur largeur entre deux traverses où elles entrent en tenons et mortaises; ces claies ou persiennes sont dans des rainures qui règnent tout autour à l'intérieur et près des quatre faces du bâtiment; les parois du séchoir offrent d'ailleurs aussi une sorte de clayonnage en planches à vides et pleins égaux; on voit qu'il est facile de fermer à volonté tous les passages à l'air en opposant les pleins des claies mobiles aux vides du séchoir, et d'ouvrir tous ces passages en opposant les pleins des unes au plein de l'autre.

Ce dernier genre de persiennes a l'inconvénient de laisser plus d'accès à la pluie, qui fait pourrir assez promptement les bois et surtout les emboitures des claies mobiles. »

Nous terminerons ce chapitre par deux observations pratiques du directeur de l'institut agronomique de Hohenheim : Une dessiccation trop prompte est autant à craindre qu'une dessiccation trop lente. Lorsque, entre les feuilles ridées, apparaissent de petites points blancs (salins ou cristallins), on peut être assuré que l'on n'a pas procédé convenablement à la dessiccation ou que le tabac est mauvais. Quant à la pourriture, elle gagne surtout les feuilles qui n'ont pas assez mûri et principalement celles qui sont restées vertes. Un peu de fumée, celle du genévrier par exemple, fait du bien au tabac pendant qu'il sèche et le garantit de la mauvaise influence du brouillard.

## CHAPITRE XVIII.

### Conservation du tabac.

On reconnaît que le tabac récolté en tiges est suffisamment desséché, lors que les feuilles ont passé de la couleur jaunâtre à la couleur brune; on les retire alors du séchoir ou de la pente, on les sépare des tiges, et on les classe selon leur qualité.

Quand la récolte est faite en feuilles, on reconnaîtra que le produit a le degré de dessiccation voulu lorsque la côte principale sera devenue tendre, mollasse et ne craquera plus sous la dent.

En un mot le point de mire du tabaciculteur porte sur l'examen de la côte qui ne doit plus contenir d'humidité.

Lorsqu'on s'en est assuré, en Belgique et dans le nord de la France, on attache ensemble, à l'aide de deux ou trois feuilles, soixante à soixante-dix feuilles, ce qui forme une manoque. On étend les manoques sur un grenier et on les retourne de huit en huit jours jusqu'à l'époque des gelées ; alors on met ces manoques en tas de 6 à 9 décimètres de hauteur sur autant de largeur, et l'on passe de temps à autre la main dans les feuilles, afin de s'assurer si elles ne s'échauffent pas ; au moindre échauffement on ouvre le tas et on étend de nouveau les manoques : celles qui étaient extérieures deviennent intérieures et vice-versa.

Quand on est certain que l'échauffement du tabac n'est plus à craindre, on le couvre d'une toile et on charge le tas de quelque poids pour maintenir une fermentation lente, qui relève beaucoup ses qualités.

En Hollande, lorque la dessiccation est obtenue, on enlève les feuilles des baguettes, et on les classe ; toutes les feuilles auxquelles il manque quelque chose sont rebutées : après le classement ou dernier triage on les lie en manoques ; de ces manoques on forme un petit tas, qui reste dans cette position jusqu'au mois d'avril ; alors on fait des tas de trois manoques et au mois de mai les tas sont composés de quatre manoques. Enfin, lorsqu'on est sûr de la bonne qualité du produit, on réunit les manoques en grands tas ayant la forme de meules, et de cette façon on peut les conserver pendant un grand nombre d'années.

Dans la Virginie, on retire les plantes du séchoir par un temps humide pour que les feuilles ne soient pas détériorées ou brisées pendant les manipulations. Ensuite on les étend sur des claies, en tas, qu'on couvre : elles restent ainsi pendant 10 à 15 jours. On les visite tous les jours, on ouvre et retourne les tas pour prévenir le trop grand échauffement, qui pourrait aller jusqu'à la combustion. C'est l'opération la plus difficile et qui n'admet point de règle : l'expérience et l'habitude seules font l'appréciateur.

La fermentation étant achevée, on détache les feuilles des tiges, dont on fait deux ou trois classes; la dessiccation des feuilles étant de nouveau achevée, on choisit dix à douze feuilles analogues qu'on lie ensemble : ces manoques sont mises par couches régulières dans les barils ou boucauts; après la pose de chaque couche, qui est faite par un temps humide, on la couvre d'une planche et on la soumet à l'aide d'un levier, à une pression, qui varie de 1,000 à 2,000 kilogr. Ce procédé est excellent.

Lorsqu'au lieu de l'emballer en boucauts, on en fabrique des carottes, on enlève aux feuilles leurs grosses côtes.

Avant de livrer le tabac au commerce, des officiers publics, nommés inspecteurs du tabac, déterminent la qualité du produit. S'il est mal préparé, s'il a subi des avaries en chemin soit par l'eau soit par une nouvelle fermentation, on le condamne au feu et il est perdu pour le propriétaire. Ce n'est qu'à la faveur de leurs lois sévères sur le tabac, que les Américains ont amélioré cet article de commerce et qu'il a pris une si grande extension.

A Vénézuela (1), quand le tabac est devenu jaune et flexible, on enlève les côtes et on le tord en cordes que l'on met en pelotons du poids de 30 à 40 kil. ; on fait un lit de ces pelotons, on les couvre et on les laisse fermenter pendant quarante-huit heures en arrosant le tabac s'il est trop sec; si, par l'effet de la fer-

(1) Codazzi. *Économie rurale de Boussingault* ; t. I. p. 431.

mentation, le tabac s'échauffe, on l'expose à l'air pour la ralentir, ensuite on déroule les cordes, on les suspend à l'ombre pour faire évaporer l'humidité, et il reste suspendu jusqu'à ce qu'en le tordant, il ne rende plus de jus. La dernière façon est d'en former des pelotes du poids de quelques kilogrammes.

Si, avant de commencer cette opération, on s'apercevait que le tabac n'est pas parfait, on l'exposerait de nouveau à la fermentation. Dans ce procédé une fermentation excessive est prévenue par la mise en cordes, qui soustrait le tabac à l'action de l'air en serrant fortement les feuilles les unes contre les autres.

A Tunis (1), on le traite comme suit : Les feuilles ayant passé à la couleur brune, on les détache de la tige et on en forme des lits peu épais, que l'on expose au soleil pendant quelques heures. On recommence cette opération pendant deux ou trois jours jusqu'à ce que la côte ait perdu toute son humidité et que la feuille soit devenue luisante de terne qu'elle était en sortant du séchoir. On les lie alors par cent, au moyen de petites feuilles, et l'on en fait un grand tas. Elles y reprennent toute leur souplesse en quarante-huit heures. Dès que le tas manifeste un peu de moiteur, on l'ouvre et l'on en forme des couches peu élevées que l'on visite fréquemment. Si au bout de quinze jours, il ne se manifeste aucune trace de moisissure ou d'humidité, on double les tas, en maintenant toujours dans toutes ces opérations le classement des feuilles inférieures, moyennes, supérieures; classement que l'on fait de prime abord, au moment

(1) Gasparin.

de l'effeuillaison. Le magasin, bien fermé, est visité fréquemment et les feuilles sont remuées. Quand les dernières chaleurs de l'automne sont passées et qu'on ne craint plus de fermentation prompte, on lie les feuilles entre elles par paquets de vingt-cinq à trente, la dernière de ces feuilles servant à lier les autres. On les met en couches couvertes d'une grosse toile en attendant la vente.

# CHAPITRE XIX.

**Observations des cultivateurs et négociants du pays de Heidelberg, sur le tabac depuis sa récolte jusqu'à sa mise en tas.**

A. *Degré de maturité du tabac* : 1° Les feuilles pour la pipe doivent être cueillies à leur état de parfaite maturité et même quelques jours plus tard. Elles peuvent être complétement jaunes sur le champ;

2° Les feuilles à couvertures ne doivent pas être trop mûres. Le moment convenable de les cueillir se reconnaît aux taches jaunes qui sont dispersées sur les feuilles.

B. *Traitement des feuilles pendant la cueillette et le transport à la maison :* 1° Tous les soins du cultivateur doivent tendre à préserver les feuilles de toute lésion et de tout dommage, parce que sans cela elles n'ont plus aucune valeur comme feuilles de couverture ;

2° Une des plus grandes fautes consiste à briser la

partie supérieure de la tige et à laisser ce débris à la feuille ;

3° Il faut éviter de laisser aux feuilles une partie de l'écorce de la tige ;

4° Très-nuisible est la coutume de prendre les feuilles cueillies entre les jambes. Il faut les déposer au contraire par poignées entre les plantes ;

5° Jamais le tabac ne doit être cueilli à l'état humide, parce qu'alors il perd sa belle apparence et se gâte d'ailleurs par la fermentation ;

6° Si le tabac mûrit inégalement, on cueille d'abord les feuilles mûres. Les pieds faibles peuvent, avec le temps, atteindre encore la vigueur des forts ;

7° Il est très-nécessaire de laisser chaque sorte de tabac, si on en cultive plusieurs, séparément, parce que chaque sorte est employée à un usage différent, que le négociant ne pourrait plus en faire le triage, et, en conséquence, ne pas en donner le même prix que si chaque sorte était séparée ;

8° Le triage des feuilles, d'après leur grandeur, est très-convenable, sinon sur le champ, du moins au magasin. Ce triage a déjà été adopté dans plusieurs localités et a eu pour résultat une augmentation de prix ;

9° Le bottelage doit se faire avec ménagement des feuilles, parce que, d'après la méthode ordinaire, on gâte beaucoup de feuilles.

Pour le bottelage on se sert le plus convenablement de liens de paille ; il faut éviter de serrer trop fortement les feuilles, il suffit qu'elles soient réunies ensemble.

Il serait bon de ne pas les botteler du tout et de les charger telles qu'elles sont sur la charrette de transport.

10° Faire les bottes trop grosses est très-nuisible, parce que beaucoup de feuilles sont alors endommagées pendant les manipulations ultérieures. Le bottelage devrait être donnée à la tâche ;

11° Rien n'est plus nuisible pour les feuilles que d'en charger trop sur une charrette, car beaucoup sont alors gâtées par l'effet de la pression ;

12° Les feuilles ne doivent pas s'échauffer étant liées en bottes, parce qu'elles perdraient leur élasticité. Pendant le déchargement on les place debout contre un mur ou des lattes. A cette occasion, il est bon d'écarter les feuilles les unes des autres.

C. *Traitement des feuilles pendant l'enfilage* :

1° Autrefois, il était indifférent que les feuilles fussent enfilées sur des fils ou des baguettes, mais comme dans l'enfilage sur baguettes les feuilles sont mieux tenues à distance, et qu'en outre la grande ouverture qu'on est forcé de tailler dans la côte fait que celle-ci se dessèche plus vite et plus complétement, la méthode d'enfiler les feuilles sur baguettes est préférable. A cet effet, on transperce les côtes avec un couteau, un autre ouvrier passe la feuille sur la baguette qui repose sur les perches à haricots liées en sautoir. Les feuilles ne doivent pas être trop serrées sur les baguettes de crainte qu'elles ne brûlent ;

2° Dans l'enfilage sur fils il faut éviter que les feuilles ne soient trop serrées. En économisant un peu de fil et de place, on risque que toute la partie se brûle sous le toit, et comme le marchand craint par-dessus tout le tabac brûlé, la marchandise est à peine vendable ;

3° Les feuilles doivent être percées de côté et se trouver à une telle distance qu'une troisième y trouverait encore place.

D. *De la suspension des feuilles* : 1° L'espace où l'on suspend les feuilles doit être bien aéré, et s'il est possible, situé du côté du midi et de manière que le hangar reçoive les rayons du soleil tant de l'est que du midi et de l'ouest. Le plus beau tabac se gâte souvent s'il est suspendu dans des greniers où l'air ne peut pas librement circuler. Les lieux situés au-dessus des étables, de même que les greniers à foin, doivent être évités, parce que les évaporations des bestiaux et du foin gâtent le tabac. Il serait beaucoup à désirer que là où les pauvres gens n'ont pas l'espace nécessaire pour suspendre leur tabac, on érigeât des hangars communs. Une bonne spéculation aussi pour des sociétés, serait d'acheter le tabac sur pied et de le traiter selon les règles que nous venons d'établir ;

2° Dans la construction des hangars à tabac, il faut faire attention :

*a*) Qu'ils ne soient pas trop larges, vingt pieds sont au moins suffisants ;

*b*) Le toit doit être le moins haut possible. On peut aussi construire des hangars temporaires qu'on démolit chaque fois après usage. Le tabac peut être abrité contre le vent par des tiges de tabac ou par des paillassons.

3° La clôture des hangars avec des planches, comme on le fait aujourd'hui, est convenable. Mais il serait mieux de pouvoir fermer les intervalles entre les planches afin de pouvoir abriter le tabac contre l'influence de l'air humide et des brouillards, comme on le fait en Hollande.

Si les hangars sont trop exposés aux vents, les intervalles qui séparent les planches ne doivent pas être trop larges.

4° A la place des perches liées en sautoir, sur lesquelles on place les baguettes, on pourrait se servir plus commodément de lattes assemblées en angle rectangle et clouées aux traverses ;

5° Les feuilles suspendues ne doivent pas être trop serrées; dans cette condition elles ne gagnent jamais une belle couleur.

E. *De la dépendaison des feuilles sèches* : 1° quelque beau que soit le tabac séché, il perdra ses meilleures qualités si on le détache humide. Tout cultivateur devrait se faire une loi de ne jamais détacher son tabac avant qu'il ne soit devenu parfaitement sec. Car s'il augmente le poids par quelques pour-cent d'eau, il perd doublement cet avantage imaginaire par un prix inférieur ;

2° Avant que les côtes ne soient devenues complétement sèches, le tabac ne peut être détaché ;

3° Le tabac doit être aussi sec que possible et contenir seulement assez d'humidité pour ne pas se réduire en poudre pendant les manipulations ;

4° Pendant le tassement du tabac, on observera les règles suivantes :

*a*) On ne peut pas mêler du tabac court avec du long. Chaque sorte doit être laissée séparément, parce que si le marchand trouve du tabac court parmi le long, il évaluera pour sa propre sûreté la quantité du premier beaucoup plus haut et en donnera un prix inférieur.

Le producteur n'y gagnerait donc rien, quand même il n'hésiterait pas à avoir recours à la fraude.

*b)* Le tabac ne devra pas être bottelé avec des cordes de paille humide. Le marchand déduirait beaucoup plus du prix que ne vaudrait le gain espéré de quelques livres d'eau.

*c)* Les bottes ne doivent être ni trop grosses ni trop serrées, car beaucoup de feuilles sont alors brisées, l'acheteur ne peut pas examiner le tabac à son aise et il suppose de la fraude.

# CHAPITRE XX.

## Du rendement.

Le produit d'un hectare de tabac varie selon l'espèce et la variété, la richesse du sol, la hauteur à laquelle on écime, le temps qui a régné pendant sa croissance, et les soins et les engrais qu'on y a mis.

En Belgique, on récolte, dans les bonnes terres riches, de 3,000 à 5,000 kilogrammes : on peut estimer le produit, en terme moyen, à 3,700 kil. répartis en trois classes contenant chacune :

| | | |
|---|---|---|
| 1re classe. . . . . . | 2,220 | kil. |
| 2e » . . . . . . | 986 | » |
| 3e » . . . . . . | 494 | » |

En France, on estime, en terme moyen, le rendement dans le département du Nord, à 1,800 kilogr. par hectare qui contient 40,000 pieds portant chacun 8 feuilles. Dans le Midi où l'on ne peut planter par hectare que 10,000 pieds portant chacun 9 feuilles, le produit s'élève au plus à 600 kilogrammes de feuilles.

En Hollande, on récolte 3,210 à 3,414 kilogr., ainsi reparties :

| | | | | |
|---|---|---|---|---|
| Best-goed. . . . . . | 1,700 | à | 1,766 | kil. |
| Aardgoed. . . . . . | 750 | à | 824 | » |
| Zandgoed . . . . . | 760 | à | 824 | » |

Les prix sont des plus variables : depuis quelques années ils varient pour la première qualité entre 70 et 96 francs les 100 kilogrammes; les qualités inférieures ne se paient que 18 à 20 francs.

# CHAPITRE XXI.

## Frais et produits présumés d'un hectare de tabac.

En Belgique, on peut estimer qu'on paye dans le pays de Wervick, pour un hectare de terre cultivé en tabac :

| | | |
|---|---|---|
| Loyer . . . . . . . . . . . . . . . . . . . . . | fr. | 180 00 |
| Premier labour superficiel d'automne si c'est après une céréale; labour profond si c'est après le tabac. . . . . . . . . . . . . . . | 6 à | 36 00 |
| Deuxième labour (15 à 18 centimètres) . . . . | | 18 00 |
| Troisième labour de printemps (idem.) . . . . | | 18 00 |
| Quatrième labour de printemps (8 à 10 centim.) | | 6 00 |
| Cinquième labour de printemps (idem.) . . . . | | 6 00 |
| Sixième labour de printemps (idem.). . . . . . | | 6 00 |
| Quatre hersages . . . . . . . . . . . . . . . . | | 8 00 |
| Deux roulages . . . . . . . . . . . . . . . . . | | 4 00 |
| Engrais de ferme (pour la partie épuisée) . . . | | 180 00 |
| Tourteaux de colza . . . . . . . . . . . . . . | | 785 00 |
| Engrais liquides, vidanges, urine de vaches. . | | 75 00 |
| A reporter. . | | 1322 00 |

| | |
|---|---|
| Report. . | 1322 00 |
| Plants | 56 00 |
| Repiquage et arrosage | 40 00 |
| Houages (2 à 3) | 50 00 |
| Buttage | 24 00 |
| Pincements | 36 00 |
| Récolte des feuilles et transport au séchoir, et outillage nécessaire à la dessiccation | 40 00 |
| Séchage et triage | 60 00 |
| Manoquage et emballage | 34 00 |
| Total. . . fr. | 1642 00 |

PRODUIT.

3,700 kilogr. à 80 fr. les 100 kilogr. . . . fr. 2960 00

BALANCE.

| | |
|---|---|
| Produit | 2,960 00 |
| Dépense | 1,642 00 |
| Bénéfice. . . fr. | 1,318 00 |

Dans le canton de Grammont, où les labours se font à la bêche et au hoyau, on peut admettre le compte suivant :

| | |
|---|---|
| Loyer . . . fr. | 150 00 |
| Contributions | 15 00 |
| Labour superficiel au hoyau | 25 00 |
| Hersage pour égaliser la surface (16 jours) | 16 00 |
| 450 brouettes de fumier (1) et transport à 45 c. | 225 00 |
| Bêchage du sol et répartition du fumier 58 (journ.) | 58 00 |
| A reporter. . | 489 00 |

(1) Le tabac n'épuise que la septième partie du fumier employé.

| | |
|---|---|
| Report. . | 489 00 |
| Hersage (6 journées). . . . . . . . . . . . . . | 6 00 |
| Houage (24 journées) . . . . . . . . . . . . . | 24 00 |
| Disposer le champ en buttes ou billons et sillonner (27 journées) . . . . . . . . . . . . | 27 00 |
| 600 tonnes d'urine à 35 cent. . . . . . . . . . | 210 00 |
| 3,800 plants à 25 cent. les cent . . . . . . . . | 95 00 |
| Repiquage et remplacement des plants morts (18 journées) . . . . . . . . . . . . . . . . | 18 00 |
| Transport des engrais liquides et arrosage. . . | 48 00 |
| Serfouissages et buttages soignés de chaque plante en particulier (52 journées) . . . . . | 52 00 |
| Pincements (40 journées) . . . . . . . . . . . | 40 00 |
| Récolter et conduire au séchoir 40 (journées) . | 40 00 |
| Attacher les plantes et les mettre en pente, et surveillance pendant la dessiccation (54 journ.) | 54 00 |
| Séparation des feuilles des tiges et manoquage (76 journées) . . . . . . . . . . . . . . . . | 76 00 |
| Mise en tas (6 journées) . . . . . . . . . . . | 6 00 |
| Total. . . fr. | 1,185 00 |

PRODUIT.

3,700 kilogr. à 70 fr. les 100 kilogr. . . . fr. 2,590 00

BALANCE.

| | |
|---|---|
| Produit . . . . . . . . . . . . . | 2,590 00 |
| Dépenses . . . . . . . . . . . . | 1,185 00 |
| Bénéfice. . . fr. | 1,405 00 |

En France, département du Nord, MM. Girardin et Dubreuil font le compte suivant pour un hectare de tabac couvert de 40,000 plantes portant chacune 8 feuilles :

DÉPENSE.

| | fr. | c. |
|---|---|---|
| Un labour ordinaire à l'automne. . . . . . fr. | 22 | 00 |
| Un hersage au printemps . . . . . . . . . . . | 2 | 60 |
| Un labour ordinaire . . . . . . . . . . . . . | 22 | 00 |
| Un hersage. . . . . . . . . . . . . . . . . . | 2 | 60 |
| Un roulage. . . . . . . . . . . . . . . . . . | 2 | 00 |
| Un hersage. . . . . . . . . . . . . . . . . . | 2 | 60 |
| Un labour superficiel . . . . . . . . . . . . | 14 | 00 |
| Un hersage . . . . . . . . . . . . . . . . . | 2 | 60 |
| Rayonner le terrain pour la plantation . . . . | 2 | 60 |
| 40,000 plants à 2 fr. 50 les 1,000 . . . . . . . | 100 | 00 |
| Repiquage et arrosage des plants . . . . . . . | 60 | 00 |
| Deux binages à la houe à main, à 20 fr. . . . . | 40 | 00 |
| Un buttage à la houe à main, et suppression des feuilles inférieures . . . . . . . . . . . . | 25 | 00 |
| Écimage des tiges . . . . . . . . . . . . . . | 16 | 00 |
| Trois ébourgeonnements successifs et suppression des feuilles altérées. . . . . . . . . . . | 20 | 00 |
| Récolte des feuilles et transport au séchoir . . | 40 | 00 |
| Séchage et triage. . . . . . . . . . . . . . . | 100 | 00 |
| Emballage. . . . . . . . . . . . . . . . . . . | 20 | 00 |
| 65,000 kilogr. de fumier à 10 fr. les 1,000 kil. y compris les frais de transport et de répartition 650 fr. Un septième de cette dépense à la charge du tabac. . . . . . . . . . . . . | 90 | 00 |
| Intérêt pendant un an, à 5 % du prix de la fumure non absorbée . . . . . . . . . . . . | 28 | 00 |
| Loyer de la terre . . . . . . . . . . . . . . | 70 | 00 |
| Frais généraux d'exploitation . . . . . . . . . | 20 | 00 |
| Intérêt, pendant un an, à 5 %, des frais ci-dessus. . . . . . . . . . . . . . . . . . . | 35 | 00 |
| Total. . . fr. | 756 | 45 |

PRODUIT.

| | |
|---|---|
| 1,200 kilogr. de feuilles sèches, à 70 fr. les 100 kilogr. . . . . . . . . . . . . . . . . . fr. | 840 00 |

BALANCE

| | |
|---|---|
| Produit . . . . . . . . . . . . . . . | 840 00 |
| Dépense . . . . . . . . . . . . . . . | 736 45 |
| Bénéfice net. . . fr. | 403 55 |

14 % du capital employé.

M. Joubert fait le compte suivant : il s'éloigne un peu de celui qui précède ; cependant sauf quelques dépenses qui sont omises ou cotées trop bas, et certaines recettes évaluées trop haut, il approche assez de la vérité pour quelques parties de la France, d'après le témoignage de cultivateurs expérimentés dans la culture du tabac :

| | |
|---|---|
| Un hectare de terre propre à la culture du tabac vaut à affermer . . . . . . . . . . . . . . fr. | 65 00 |
| 70 charretées de fumier à 3 fr. . . . . . . . . . | 210 00 |
| 4 labours demandent 8 jours pour l'homme et 2 chevaux, à 5 fr. . . . . . . . . . . . . . . . | 40 00 |
| Pour écarter le fumier deux hommes pendant 2 jours, à 1 fr. 50 centimes . . . . . . . . . | 6 00 |
| Pour conduire le fumier sur le terrain, à 50 centimes la charrette . . . . . . . . . . . . . . . | 35 00 |
| 12 journées d'ouvriers pour planter l'hectare à 1 fr. 50 cent. par jour. . . . . . . . . . . . | 18 00 |
| 2 personnes employées depuis le 16 juin jusqu'au 15 septembre, à 80 centimes . . . . . | 144 00 |
| A reporter. . | 518 00 |

| | |
|---|---|
| Report. . | 518 00 |
| 120 journées pour cueillir le tabac, fendre la côte, le mettre au séchoir, l'enfiler, etc., à 80 cent. la journée . . . . . . . . . . . . . | 96 00 |
| 10 journées pour manoquer, à 1 franc 50 cent. par jour. . . . . . . . . . . . . . . . . . . | 15 00 |
| 3,800 baguettes à 30 francs le mille font 114 fr., et comme chacune d'elle dure 10 ans, le dixième est de. . . . . . . . . . . . . . . . | 11 40 |
| Couches nécessaires à la culture d'un hectare avec fumier . . . . . . . , . . . . . . . . . | 50 00 |
| Loyer pour la portion nécessaire d'un séchoir. | 80 00 |
| Total de la dépense. . Fr. | 770 40 |

Le produit d'un hectare étant, année moyenne, de 2,000 kilogrammes (4,080 livres), il convient de les classer ainsi qu'il suit :

| | | |
|---|---|---|
| 1,200 kilogr. de 1re qualité à 120 fr. les 100 kil. | fr. | 1,440 |
| 500 kilogr. de 2me qualité à 90 fr. les 100 kil. | » | 450 |
| 200 kilogr. de 3me qualité à 70 fr. les 100 kil. | » | 140 |
| 100 kilogr., non susceptibles d'être classés, à 40 fr. les 100 kilogr. . . . . . . . . . | » | 40 |
| TOTAL. . . | fr. | 2,070 |

Différence :

| | |
|---|---|
| Produit. . . . . . | 2,070 00 |
| Dépense . . . . . | 770 40 |
| Produit net. . . . | 1,299 60 |

Si l'on doit conclure de ces chiffres que le tabac dans les bonnes années donne un bénéfice net considérable, d'autre part on ne peut pas ignorer que dans les années orageuses ou défavorables la récolte se réduit à très-peu de chose.

# CHAPITRE XXII.

**Considérations générales sur la culture et le commerce du tabac dans différents pays (1).**

La culture du tabac s'est rapidement répandue ; toutes les nations semblent en quelque sorte avoir simultanément éprouvé la nécessité de transformer une bizarrerie, un caprice, en un besoin.

La culture du tabac date de 1586. C'est alors que les colons de l'Amérique septentrionale, après le retour des Anglais qui avaient essayé de fonder un établissement dans la Virginie, sous les auspices de sir Walter Raleigh, commencèrent à donner leurs soins à la propagation de cette plante. Et en moins d'un demi-siècle, cette culture prit une si grande extension

(1) Ce qui est relatif à l'Amérique est fait d'après Montbrion.

que l'assemblée législative crut devoir y mettre obstacle, ce qui n'empêcha pas qu'elle prît par la suite un tel développement, que les exportations annuelles de tabac pendant les dix années finissant en 1709, s'élevèrent à 28,858,000 livres dont 11,260,639 furent consommées en Angleterre et 17,598,000 dans d'autres contrées de l'Europe. Dans les trois années de 1744 à 1747, le terme moyen de l'exportation a été de 40,000,000 de livres, dont 7,000,000 de livres pour la Grande-Bretagne et 33,000,000 pour les autres pays de l'Europe. De 1763 à 1770, c'est-à-dire pendant huit années, la moyenne de l'exportation annuelle a été de 67,780 boucauts, qui, à 1,000 livres chacun, font 67,780,000 livres. Jusqu'à l'époque de la révolution, l'exportation a subi peu de variations.

Cependant elle a été ascendante ; le terme moyen annuel jusqu'en 1793 a été évalué à 99,374,384 livres, dont 36,952,289 pour l'Angleterre, et 62,421,995 pour d'autres contrées de l'Europe.

Autrefois le boucaut de tabac de Virginie moins pressé qu'aujourd'hui ne pesait que 600 livres ; tandis que maintenant le boucaut de Kentucky, de Virginie, de Maryland, peut être évalué à 1,200 livres.

Le Virginie est gras, corsé, très-aromatique et précieux pour la fabrication de la poudre. Le Kentucky est moins gras et moins fort et présente un grand feuillage. Le Maryland est léger, odorant, à grandes feuilles : il est presqu'exclusivement employé pour la fabrication des tabacs à fumer.

L'exportation annuelle de 1815 à 1833 inclusivement s'élève à environ 82,763 boucauts. Si on le calcule à raison de 1,200 livres, le terme moyen par année sera de 99,313,000 livres. Il s'ensuit donc que l'exportation du tabac en feuilles est restée stationnaire aux États-Unis pendant plus de soixante ans. La raison en est toute simple : avant la révolution toute l'Europe s'approvisionnait en Amérique : la guerre étant venue interrompre les communications entre les deux hémisphères, les Européens se sont adonnés à la culture du tabac ; depuis ils ont continué à s'en occuper et aujourd'hui elle est suivie avec succès sur une grande partie du continent.

Les provinces des États-Unis qui comprennent le Kentucky, le Tenessée, le Missouri, en produisent 33 à 40 millions de kilogrammes, et le Maryland 17 à 20 millions de kilogrammes.

L'Ohio, la Louisiane, la Pensylvanie, le Connecticut et l'Indiana, ainsi que le Mexique, en produisent aussi de fortes quantités.

Parmi les Antilles l'île de Cuba adopta de bonne heure la culture du tabac, qui a toujours été en aug mentant par sa bonne qualité, surtout pour les cigares dont les Espagnols tant en Amérique qu'en Europe font une très-grande consommation; leur parfum, quoique fort, est surtout estimé : le tabac de la Havane est l'un des plus renommés des Antilles ; ses cigares sont les meilleurs que l'on connaisse et il s'en fait une immense consommation. Porto Rico et Haïti ou Saint-Domingue produisent aussi beaucoup d'excellent tabac : Saint-Vincent et Tabago aux petites Antilles récoltent du tabac très-estimé.

Les autres contrées d'Amérique qui cultivent le tabac pour l'exportation sont dans l'Amérique du Sud :

la Colombie, surtout à Varinas et à Maracaïbo ; le Pérou ; le Chili, à la Conception ; la Plata, à Buenos-Ayres, et le Brésil, qui en adopta vite, la culture : elle s'est toujours augmentée à cause de la qualité supérieure du produit. Cependant en raison de sa force il serait imprenable en poudre sans les préparations qu'on lui donne.

On en récolte aussi beaucoup en Asie : il s'en importe du Bengale entre les deux Indes, et de Latakié (ancienne Laodicée), en Syrie : il jouit d'une grande réputation chez tous les Orientaux : l'Océanie fait de très-bonnes récoltes ; il s'en importe une forte quantité de qualité supérieure des îles Philippines, de Bornéo, de Manille et de Java, où les Hollandais en favorisent la culture. Le java, qui est d'une odeur qui rappelle le poivre, est très-employé pour la fabrication des cigares. Les tabacs du Levant dont les feuilles sont plus ou moins petites, ont une odeur quelquefois suave d'autres fois fade.

En Europe, les principaux points de production sont : La Turquie d'Europe, la Confédération germanique, la Prusse, la Russie d'Europe, la Grèce, l'Autriche, la France, la Hollande et la Belgique.

Dans la Turquie d'Europe, le centre de production est aux alentours de Salonique qui est le siége du grand marché de tabac. Le tabac turc est doux et répand un parfum fin et agréable.

Dans la Confédération germanique, on a comme contrées productrices le grand-duché de Bade, le Palatinat du Rhin, le royaume de Hanovre et le grand-duché de Brunswick dans lequel Hambourg est le rendez-vous du plus grand marché de tabac et occupe un nombre considérable de bras à la fabrication de cigares qui sont exportés dans toutes les parties de l'Europe. La fabrication des cigares, dit le *Siècle*, est sans contredit la plus importante des industries de Hambourg. Elle occupe plus de 10,000 individus pour la plupart femmes et enfants, et elle fournit par an 150 millions de cigares qui représentent une valeur de 8,800,000 francs.

Une imprimerie avec un personnel nombreux est exclusivement occupée à imprimer les étiquettes nécessaires pour les caisses et les paquets de cigares. On importe, en outre, à Hambourg, de la Havane et de Manille, 18 millions de cigares par an ; de sorte qu'il entre annuellement dans ce commerce 168 millions de cigares, dont à peu près 153 millions sont exportés, et les 15 millions restant se consomment à Hambourg, ce qui fait par jour environ 40,000 cigares : consommation très-forte si l'on considère que la population mâle adulte du territoire de Hambourg, compte à peine 45,000 individus.

M. Royer, inspecteur général de l'agriculture en France, s'exprime en ces termes sur la Bavière, qui est un royaume de la Confédération germanique : « Depuis Roth, dernier relai avant Schawbach, nous avons vu cultiver, en outre, le mauvais tabac à petites feuilles cloquées et à fleurs d'un jaune vert, appelé *Nicotiana rustica* (1) et que l'on se garde bien de multiplier en France. On plante deux rangées de ce

(1) M. Royer nous semble porter un jugement trop sévère sur l'infériorité de cette espèce, car dans certaines contrées elle donne un produit de haute qualité ; une variété du *Nic. rustica* produit comme on sait le célèbre tabac de Salonique.

tabac sur le labour grossier de chaque billon et l'on ne paraît pas en avoir plus de soin que chez nous de la pomme de terre, dans les départements les plus arriérés. »

Le tabac du Palatinat est de qualité médiocre, mais il a l'immense avantage de se bien mélanger avec les meilleurs et d'en prendre le goût.

En Prusse, la culture du tabac a lieu aujourd'hui dans le gouvernement de Dantzig et de Kœnigsberg, dans les marchés près de Francfort, Schwedt, Overbruck. L'hectare produit 16, 20, 24 quintaux métriques de feuilles. Il y avait dans toute la Prusse, en 1834, environ 9,000 hectares couverts de tabac; en 1835, environ 9,800 comme en 1827. Dieterici porte la superficie qui en est aujourd'hui couverte, y compris celle qui ne paie pas d'impôt (quand il y a moins de 6 perches carrées), à environ 12,500 hectares. L'hectare produisant 18, 15, 12 et 7 quintaux métriques de feuilles, paie 84, 70, 56 et 42 francs d'impôt. En 1851 pour 1,000 hectares couverts de tabac en Prusse :

34 étaient dans la première classe, (province du Rhin).
108 étaient dans la 2e (en tout 1,060 hectares environ). Poméranie, Brandebourg et Saxe;
133 dans la 4e province rhénane et Brandebourg (en tout 1,300 hectares environ.)

Sur 1000 hectares.

24 se trouvaient dans la Prusse orientale.
39 se trouvaient dans la Prusse occidentale.
80 se trouvaient en Posen.
80 se trouvaient en Poméranie.
97 se trouvaient en Silésie.

126 se trouvaient en Saxe.
5 se trouvaient en Westphalie.
65 se trouvaient dans la province rhénane (1).

Les tabacs d'Ukraine et de Prusse qui ont des feuilles plus larges que longues, sont minces et n'ont guère de saveur ni de consistance.

Dans la Russie d'Europe, le tabac de Silésie occupe le premier rang; celui de la Livonie a tous les défauts des tabacs de Prusse.

En Autriche, la production du tabac comme denrée principale et indigène n'a lieu que dans les provinces méridionales de l'empire, en Transylvanie, en Hongrie, en Gallicie et dans le midi du Tyrol. L'État intervient dans cette branche de commerce comme manufacturier et comme débitant.

La Hongrie, à elle seule, produit annuellement plus de 300,000 quintaux de tabac, dont la culture et la fabrication occupent une population de près de 100,000 individus.

La feuille desséchée et sans aucune préparation est d'une belle couleur jaune et répand un excellent parfum. Les tabacs à fumer les plus estimés sont le Talnœer et le Kospallager; mais, à l'étranger, on recherche davantage le Dobroy et le Littinger. Parmi les tabacs à priser les meilleurs et les plus connus sont le Zigediner et le Funkirchner.

En général les tabacs de la Hongrie ont une odeur de fumée.

En Gallicie et en Transylvanie, on plante plusieurs sortes de tabacs. Dans le sud du Tyrol, on a calculé

(1) Royer, l'*Agriculture allemande*, page 417.

que la moyenne annuelle des récoltes s'élevait à 42,000 quintaux d'excellent tabac.

En Hongrie et en Transylvanie, la culture et le commerce du tabac sont libres; aussi forme-t-il dans ces pays un objet de trafic très-important. On a évalué qu'en Hongrie seulement la consommation annuelle était de 60,000 quintaux de tabac à fumer et de 8,125 quintaux de tabac à priser.

Depuis l'époque du privilége que l'empereur Léopold accorda par une ordonnance du 8 août 1670 au comte de Klevenhuller, d'importer et de vendre du tabac dans la Haute-Autriche, moyennant un produit égal au prix de ferme annuel de l'impôt des tabacs, ce principe a porté rapidement des conséquences, en sorte qu'en 1784 le gouvernement s'en attribua la direction immédiate par l'établissement d'une régie centrale à Vienne. Des manufactures succursales sont établies dans les provinces, en Moravie, en Styrie, en Bohême, en Gallicie, dans le Tyrol, jusqu'à Milan et à Venise.

Il y a peu d'années que la quantité de tabac sortant annuellement des manufactures impériales s'élevait à 176,000 quintaux, dont la vente occupait 845 entrepositaires et 26,117 débitants. Le travail de la fabrication occupait une population de 4,905 individus, y compris les employés supérieurs de tout grade (1).

Le gouvernement français autorise la culture du tabac dans des départements qui embrassent une contenance de 10,000 hectares. Comme il y a régie, celle-ci achète la totalité des feuilles et en donne, quoiqu'elle

(1) Montbrion.

le fixe elle même, un prix assez élevé pour amener une grande concurrence parmi les producteurs. On évalue le produit à environ 90,000 quintaux métriques. Le département du Lot produit le meilleur, mais en infiniment moindre quantité que l'Alsace et le Nord.

Pour améliorer l'infériorité du produit indigène, on achète de 3 à 4 millions de kilogrammes de feuilles des premières qualités américaines.

La consommation, dit le *Dictionnaire universel de commerce*, va en s'augmentant et s'élève annuellement à 150 mille quintaux métriques environ, c'est-à-dire trois quarts de livre par habitant. Avant la Révolution, elle était d'une livre par tête et elle devrait être beaucoup plus considérable aujourd'hui, que l'on fume bien davantage ; mais la médiocre qualité du tabac et son prix élevé (4 fr. la liv.) ont fait naître sur toute la frontière une vaste contrebande, que la direction de la régie évalue à 100,000 quintaux.

A Paris même, où les barrières de l'octroi lui opposent de grands obstacles, la contrebande est énorme : il s'y trouve des dépôts où se vendent annuellement de millions de cigares introduits en fraude.

Sur la frontière d'Espagne, les contrebandiers portent le tabac en ballots, en traversant les montagnes : ceux qui n'agissent pas pour leur compte reçoivent 42 fr. par jour pour introduire un ballot de 80 livres. A la frontière belge, la population se compose presqu'entièrement de fraudeurs. Les chambres de commerce belges ont démontré au gouvernement que leurs fabriques fournissent à la France environ 60,000 quintaux de tabacs introduits en fraude. Les chambres de commerce françaises évaluent la contrebande de 300 à 320,000 quintaux.

La régie vend son tabac à priser ordinaire 7 fr. au débitant, qui le débite au public à 8 fr. le kilogr. Elle a sur ce prix un gain net de 5 fr. 55 c., tandis que le gain sur un kilogr. de tabac à fumer à 7 fr. est de 5 fr 1 centime.

Le tabac à priser est d'une qualité saine, mais non agréable : la sauce ne reçoit d'autre ingrédient que le sel. Le tabac à fumer est fort mauvais, les cigares de médiocre qualité, hormis 600 quintaux de cigares de la Havane, que la régie achète annuellement.

La culture du tabac est prohibée en Angleterre : le tabac qu'on y importe paie un droit de 3 shillings ou 3 fr. 75 cent. par livre : on estime que la consommation s'élève à environ 23,000,000 de kilogr.

En Hollande, il n'y a que les provinces d'Utrecht et de Gueldre qui cultivent le tabac en grand. Le tabac d'Amersfort, dont les feuilles ont beaucoup d'ampleur, est de très-bonne qualité. Le tabac de Valburg, dans la Gueldre, jouit d'une grande réputation. Cette culture a depuis quelques années subi une légère réduction, à cause des transactions commerciales importantes que les Hollandais font avec les États-Unis, etc. La fabrication et les préparations du tabac pour les divers usages sont très-bien entendues en Hollande : on peut dire que sous ce rapport les fabricants de la Hollande sont les premiers du monde. C'est un article de commerce et de consommation immense : tout le monde y fume sans cesse.

En Belgique, la culture du tabac est pour ainsi dire confinée dans les arrondissements d'Ypres, de Courtrai, de Mons, de Tournay et d'Alost. Les districts de Roulers, d'Ath, de Thielt, d'Audenarde peuvent aussi être signalés, mais ils viennent en dernière ligne. On estime que le rendement annuel s'élève à 1,500,000 kilogrammes de tabac sec. Les tabacs de Menin, Wervick, Harlebeke et Grammont sont estimés.

La quantité de tabac qui est annuellement consommée en Europe a été calculée à 5,029,000 quintaux, dont 2,020,000 quintaux ou environ 40 p. c. sont introduits de l'étranger.

La plus grande quantité de tabac est cultivée en Russie qui produit environ 20 p. c. du total; vient ensuite l'Autriche qui en produit 15 p. c., les États du Zollverein 15 p. c., la France 5 p. c., le reste est réparti entre les autres États. Les plus nombreux amateurs de l'herbe à nicotine se trouvent en Allemagne, ou 50 p. c. du total sont consommés, sous différentes formes (800,000,000 de cigares). Si l'on comptait parmi les fumeurs tout individu mâle de 18 ans il s'en consommerait dans le Zolverein 5 kil., 4 1/2 kil. en Belgique, 4 kil. en Hollande, 4 kil. en Danemarck, dans les autres petits États allemands 6 kil. et 5 1/2 kil. en Autriche, par tête.

La somme totale des droits imposés sur le tabac en Europe est estimée à 244 millions de francs, dont l'Angleterre paie 57 p. c., quoi qu'il n'existe point de monopole de tabac dans ce pays et qu'on n'y en cultive point.

Tel est le tableau rapide de la culture et du commerce du tabac; tout fait prévoir qu'un grand avenir est réservé à cette culture en Europe, puisque l'Amérique n'en produit pas aujourd'hui plus qu'il n'y a soixante dix ans; or, cette culture qui demande des soins continus ne peut devenir réellement avantageuse que lorsque les tabacs d'Amérique, qui sont sans contredit les meilleurs et les plus recherchés, ne viendront plus faire la concurrence aux produits indigènes. Cet état de choses se produit déjà périodiquement quand la récolte vient à manquer en Amérique et finira tôt ou tard par se réaliser définitivement; car la consommation du tabac va toujours croissant d'année en année, et le Nouveau-Monde n'étend pas ses plantations dans les mêmes proportions : si l'Amérique reste sous ce rapport stationnaire, le résultat prévu est inévitable et doit arriver incessamment; d'ailleurs, s'il y avait lieu de favoriser la culture du tabac dans les États de l'Europe, question que nous sommes loin de vouloir examiner ici, les gouvernements ont entre les mains à la fois une mesure précieuse et une garantie assurée : c'est le prélèvement d'un droit, d'un impôt sur les tabacs exotiques, que les planteurs réclament depuis bien longtemps.

FIN.

# TABLE DES MATIÈRES.

FIN DE LA TABLE DES MATIÈRES.

Émile Tarlier, éditeur, Montagne aux-Herbes-Potagères, 47, Bruxelles

# BIBLIOTHÈQUE RURALE,

## INSTITUÉE PAR LE GOUVERNEMENT BELGE.

Fr. c.

ANNUAIRE DES AGRICULTEURS. Un vol. et tableaux statistiques. 1 2
MANUEL DE CULTURE, par M. Ledocte. Un vol. avec 30 grav. 8
EMPLOI DE LA CHAUX EN AGRICULTURE. Un volume. 2
MANUEL DE COMPTABILITÉ AGRICOLE. Un volume. 4
MANUEL D'ARBORICULTURE. Deux vol. avec 205 gravures. 1 5
MANUEL DE DRAINAGE. Traduit de l'anglais de Stephens; avec notice de J. Leclerc. Un vol. avec 88 gravures. 1 1
CHIMIE AGRICOLE, par Johnston. Un vol. avec gravures. 1 3
MANUEL D'IRRIGATION, par Deby. Un vol. avec 100 gravures. 6
CHOIX DES VACHES LAITIÈRES, par Magne. Un vol. avec planches. 4
MANUEL DU MARÉCHAL FERRANT, par Brogniez. Un vol. avec 20 grav. 3
MANUEL D'HYGIÈNE, par le Dr Sovet. Un vol. avec pl. grav. 7
MANUEL FORESTIER, par Clément. Un vol. avec pl. grav. 3
TRAITÉ DES ENGRAIS ET AMENDEMENTS, par Fouquet. Deux v. 2 5
INSTRUMENTS D'AGRICULTURE, par Ledocte. Un vol. avec 95 pl. 9
CULTURE DES PLANTES OLÉAGINEUSES, par Ledocte. Un v. avec gr. 3
MANUEL DE MÉDECINE VÉTÉRINAIRE, par Verheyen. Un vol. 2 »
LES INSTRUMENTS D'AGRICULTURE A L'EXPOSITION DE LONDRES. Un volume avec 43 planches gravées. 5
LES VIGNES ET LES VINS EN BELGIQUE, par P Joigneaux. 3
MANUEL DE CULTURE MARAICHÈRE, par Rodigas. Un v. et 54 gr. 2
CULTURE DU MURIER ET VERS A SOIE, par Ronnberg. Un v. et 43 gr. 1
TRAITÉ DE DRAINAGE par Leclerc. 2e édit Un vol. avec 127 grav. 2
CULTURE DES PLANTES RACINES, par Ledocte. Un v. avec 24 grav. 9
CULTURE DES ARBRES FRUITIERS par Joigneaux. Un v. avec 14 gr. 5
MANUEL DES CONSTRUCTIONS RURALES, par H. Duvinage, ancien architecte de la maison du roi. Un vol. avec 197 gravures. 3
TRAITÉ DES GRAMINÉES CÉRÉALES ET FOURRAGÈRES, par Demoor. Un vol. avec 104 grav. 2 50
TRAITÉ D'ARPENTAGE ET DE NIVELLEMENT, par Leclerc et Toussaint. Un vol. avec 128 grav. et planches coloriées. 1 50
CULTURE DU LIN ET ROUISSAGE, par Demoor. Un vol, avec gr. 75
CATÉCHISME AGRICOLE, par Vanden Broeck. Un volume. 75
OISEAUX DE BASSE-COUR, par le baron Peers. Un v. avec 15 gr. 1 »
LA LAITERIE, par P.-A. de Thier. Un vol. avec gravures. 75
MÉDECIN DES CAMPAGNES, par le docteur Moreau. 2 »
TRAITEMENT DES PORCS, traduit de l'anglais. Un v. avec grav. 1 25
CULTURE DU FROMENT, par le baron E. Peers. Un vol. 40
ÉDUCATION DES ABEILLES, par P. Joigneaux, Un vol. 1 »
DU TOPINAMBOUR, par Delbetz. Un volume. 1 2
ÉCONOMIE DU MÉNAGE, par Gerardi. Un volume 1 5
LES CHAMPS ET LES PRÉS, par P. Joigneaux, 2e édit. Un vol. 1 »
LES FUMIERS COUVERTS, par le baron E. Peers. Un vol. 50
REPRODUCTION, AMÉLIORATION ET ÉLEVAGE DES ANIMAUX DOMESTIQUES, par de Weckherlin. Un vol. 2 »
NUTRITION DES VÉGÉTAUX, par le baron de Babo. Un vol. 80
CULTURE DES PRAIRIES, par Demoor. Un vol. avec 67 grav. 2 »
ÉDUCATION DES PORCS, par de Mortillet. Un volume. » 5
CULTURE ET ALCOOLISATION DE LA BETTERAVE, par Basset. 1 v. 2
PISCICULTURE, par Koltz. Un vol. avec 27 gravures. 1 5
PROMENADES AGRICOLES, par de Babo. Un vol. » 7

---

DICTIONNAIRE D'AGRICULTURE PRATIQUE, par MM. Joigneaux et Moreau. Deux vol. gr. in-8o imprimés sur 2 col. avec grav. 20
COURS D'ÉCONOMIE RURALE, par Goeritz. Deux vol. gr. in-18. 4

www.ingramcontent.com/pod-product-compliance
Ingram Content Group UK Ltd.
Pitfield, Milton Keynes, MK11 3LW, UK
UKHW021058270726
13994UKWH00009B/272